I0001942

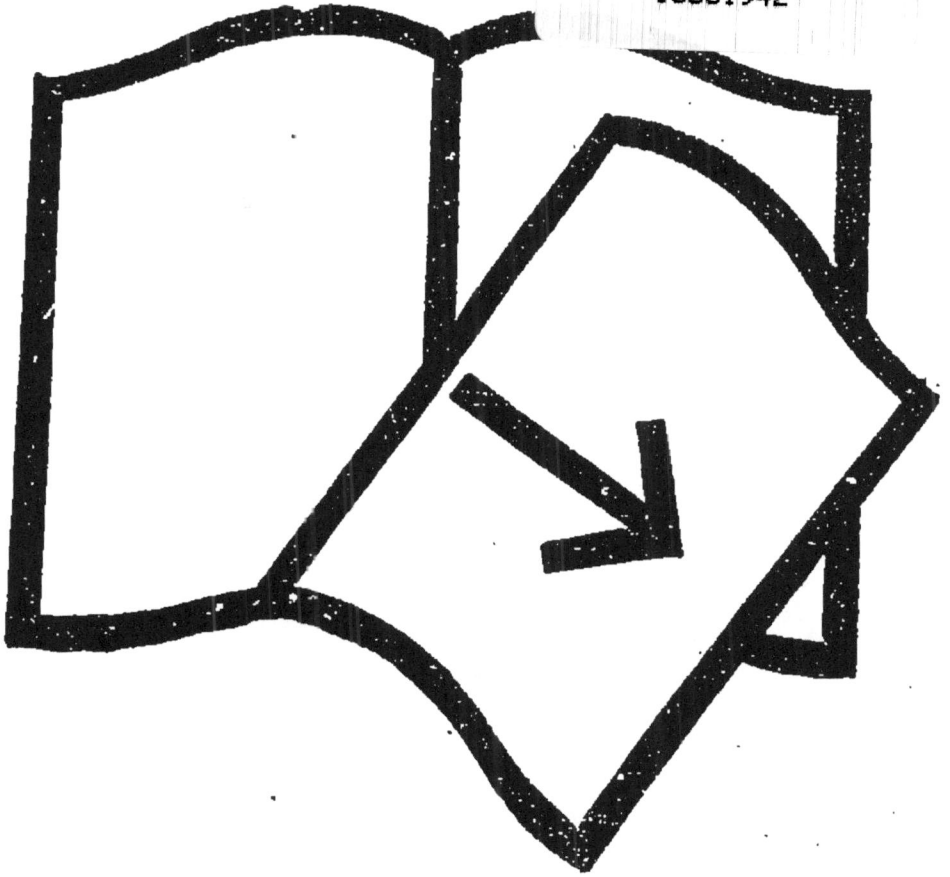

Couvertures supérieure et inférieure
manquantes

2.3.4

VOYAGE

AUX

PAYS MYSTÉRIEUX

DU MÊME AUTEUR

Châteauroux. — Typograp. et Stéréotyp. A. NURET et FILS.

VOYAGE

AUX

PAYS MYSTÉRIEUX

YÉBOU — BORGOU — NIGER

PAR

LOUIS JACOLLIOT

PARIS

C. MARPON ET E. FLAMMARION

1 A 7, GALERIES DE L'ODÉON, ET RUE ROTROU, 4

1880

PREMIÈRE PARTIE

DU BÉNIN AU PAYS DES YÉBOUS

VOYAGE

AUX

PAYS MYSTÉRIEUX

PREMIÈRE PARTIE

DU BÉNIN AU PAYS DES YÉBOUS

Départ de Gato. — Le village d'Akou. — La danse au Bénin.
— Obi-Kofou. — Les *grands mondes*. — La récolte du
miel. — Le résultat de l'abolition de la traite à la côte
d'Afrique. — Un sacrifice humain. — La fête de l'Igname.
— Orgies nègres. — Les traditions génésiaques au Bénin.
— Aroué et Iolouc (dieu et le diable). — Qu'est-ce que le
Fétichisme ? — Les gangas (prêtres). — Mœurs, traditions
et droit coutumier. — L'esclave maître de sa vie. — Le
jugement de dieu par le poison. — Arrivée à Imbodou. —
La Foire. — Kadour et Kaïd. — *Margarita Regina Beniniana*. — Surpris par un caïman. — Le marché aux esclaves.
— L'Angleterre ne faisant abolir la traite des noirs que
pour s'en attribuer le monopole. — *Asylum for the libera-
ted Africans*. — Ce que vaut la philanthropie anglaise. —
Missionnaires et Prédicants. — Nos sociétés de géographie et les voyageurs de commerce anglais. — Quand donc
la France reprendra-t-elle sa politique coloniale.

En quittant Gato pour accomplir la partie la
plus longue et la plus périlleuse de notre voyage[1],

---

1. Voir : *Voyage aux rives du Niger*, 1 vol. in-18.

la caravane réunie par le capitaine Edward
Adams était composée de la manière suivante :
Simpson, premier-maître de la *Sarah* et Tom
Hopkins son second, à l'avant-garde. C'étaient
des hommes sur lesquels on pouvait absolument compter, ils avaient sous leurs ordres cent
des guerriers béniniens qu'Adams avait obtenus
de l'oba d'Ouéni (roi de Bénin). A l'arrière-
garde Kennedy et Spiers, quartiers-maîtres, qui
ne le cédaient à leurs camarades ni en fidélité, ni
en courage. Ils commandaient également à une
troupe de guerriers au nombre de deux cents
environ. Au centre, les porteurs, à demi courbés
sous le poids des marchandises, étaient attachés par dix de front, maintenus dans cet ordre
par les guerriers qui, armés d'un énorme rotin
(sorte de jonc très abondant sur les rives du
Formose), circulaient autour du troupeau humain, comme les chiens de berger autour d'une
bande de moutons, et frappaient à tour de bras
sur les traînards. C'étaient des esclaves loués
pour la circonstance et les soldats du roi
d'Ouéni auraient cru déroger en les traitant
autrement que des bêtes de somme. Puis suivaient, avec entière liberté d'allures, M. Jims,
notre mulâtre cuisinier, toujours de plus en
plus fier de descendre de l'illustre famille des
Défossés, et près de lui son négrillon Charly,

qui conduisait le petit âne acheté à Gato pour
porter nos provisions fines, le coffre à médica-
ments et nos munitions ; l'Irlandais Patrick, type
de gaieté et de bonne humeur, que le capitaine
avait attaché à nos personnes, et qui était en
perpétuelle discussion avec Jims. Zennah et
Kanoun, les deux jeunes esclaves noires, dont
le chef d'Arɔbo nous avait fait cadeau, faisaient
partie de ce groupe. Obi-Ourano, second fils du
vieux chef notre ami, qui n'avait pas voulu nous
quitter, Isidore le Khroumane, loué à Dakar,
comme un interprète, Lucius Crezulesco, le
jeune Roumain que nous avions recueilli à Dakar, le capitaine et moi, nous nous trouvions
tantôt en tête, tantôt à l'arrière-garde, selon
l'inspiration ou l'attrait du paysage.

Sans compter les guerriers d'Ouéni qui nous
faisaient escorte et les esclaves porteurs, dont
j'aurai fort peu à m'occuper, comme on va le
voir bientôt, notre petite troupe se composait
de vingt et une personnes, seize Américains et
Européens, et cinq indigènes, dont deux femmes et un enfant, le négrillon Charly.

Pour les lecteurs à qui la première partie de
ce voyage serait inconnue, je dois dire que le
capitaine Edward Adams n'était pas un explo-
rateur poussé dans le bassin du Niger par le
désir de rectifier une erreur de géographie,

mais un de ces hardis pionniers du commerce
qui, en se rendant dans des contrées non encore
exploitées, arrivent en une seule campagne à
ramasser une fortune qu'ils n'acquerraient pas
en vingt ans de cabotage à la côte. Il avait
apporté à bord de la *Sarah*, charmante goélette
admirablement aménagée pour ce voyage, toute
une cargaison de carabines à répétition, de révolvers et autres marchandises qu'il se propo-
sait d'échanger avec les populations des royau-
mes de Yébou, de Borgou et du Haoussa, sur le
Niger supérieur.

La *Sarah* avait jeté l'ancre dans la rivière de
Formose, en face du village de Gato, où elle
était restée sous les ordres d'un officier, le
master Georges Oldham. A l'aide de riches
présents, Adams avait obtenu du roi d'Oouéni,
ou Bénin, comme portent nos cartes, trois
cents guerriers pour l'escorter, et le chef de
Gato lui avait loué ses esclaves pour porter les
marchandises.

Nous n'avions, Lucius et moi, aucun intérêt
commercial dans l'entreprise; simples passagers à bord de la *Sarah*, nous devions conserver, pendant la longue exploration qui commençait, la qualité de voyageurs libres.

Toute la caravane pouvait se fier aveuglément
à la troupe de guerriers béniniens chargés de

nous présenter aux différents rois et chefs du
Yébou et du Yarribah, et au besoin de nous
défendre, car comme garantie de leur fidélité,
dix personnes de la famille royale avaient été
livrées en otage à bord de la *Sarah*. Ce système
de caution est très en usage à la côte de Guinée
et dans l'intérieur, et les engagements ainsi
consacrés sont de part et d'autre scrupuleuse-
ment exécutés. Chaque Béninien savait que
s'il nous laissait arriver la moindre mésaven-
ture par sa faute, il s'exposait non seulement à
avoir la tête tranchée, mais encore à faire
vendre tous les membres de sa famille comme
esclaves.

Enfin, comme dernier renseignement utile à
rappeler, on se souvient que les derniers ordres
du capitaine Adams à Georges, le master, officier de confiance qui naviguait avec lui depuis
plus de quinze ans et commandait la *Sarah*
pendant notre absence, étaient ceux-ci :

« Tu iras mouiller ce soir à Arobo (première
station du Formose), le lieu est plus salubre. Si
dans un an, jour pour jour, nous ne sommes
pas rentrés, si aucune nouvelle de nous ne t'est
parvenue, descend le fleuve jusqu'à l'Owaré,
pénètre dans le Niger et remonte aussi loin que
tu pourras. Si la nouvelle de notre mort arrive
jusqu'à toi, retourne en Europe avec la *Sarah*

dont je te fais cadeau ; si tu n'entends rien dire
de nous, attends, car il est impossible que
toute cette expédition soit massacrée sans que
les riverains du Niger ne finissent par le savoir. »

Comme on le voit, en matière de précaution,
tout le possible avait été fait, et l'opinion d'Obi-
Ourano, notre ami, était que la protection de
l'oba d'Ouéni serait assez puissante pour nous
défendre dans le Yébou et le Yarribah... Dans
le Borghou et le Haoussa, c'était moins sûr,
le roi de Bénin n'y étant point assez connu
pour qu'on pût redouter sa vengeance. Dans ce
cas, nous devions faire appel à nos armes per-
fectionnées, au maniement desquelles les Béniniens devaient être exercés pendant la route.
Cent cinquante carabines, révolvers, bien ma-
nœuvrés, ne devaient pas craindre une petite
armée, et lorsque Adams parlait de la possi-
bilité d'un engagement, sur le Niger supérieur,
il se frottait les mains et disait avec son flegme
de Yankee :

— Oh ! si nous avons la bataille, ce sera *une*
magnifique *puff* (réclame) pour mes armes.

Le soir de notre premier jour de marche, nous
campâmes près d'une petite ville du nom de
Akou. D'après ce que nous affirma Obi-Ourano,
ce lieu est un des plus commerçants de tout le

Bénin, à cause de sa proximité du fleuve. Je remarquai que les maisons étaient toutes construites avec le *raphix vinifère*.

Cet arbre (*raphia vinifera*), de la famille des palmiers, foisonne dans cette contrée où il rend les plus grands services; il est de grandeur moyenne et ses feuilles à folioles épineuses atteignent souvent huit à dix pieds de longueur. Les régimes de fruits sont également très grands : j'en ai vu qui avaient un développement tel qu'un seul homme ne pouvait que difficilement les porter.

Le tronc de cet arbre bienfaisant sert à former la charpente des habitations, et les feuilles disposées artistement en plusieurs faisceaux, après qu'on a tourné les folioles d'un seul côté, sont placées alternativement, et entassées comme les bottes de paille dont se servent les couvreurs de chaume en Europe. Elles composent les côtés et la couverture, et deviennent très solides par la précaution qu'ont les indigènes d'attacher ces folioles avec des lianes pour que le vent ne les soulève pas. Ces sortes de cases forment de bons et solides abris contre les pluies et les ardeurs du soleil; mais en même temps elles servent de repaire à des quantités de gros rats, de vipères et de couleuvres, lesquelles, du reste, donnent sans cesse

1.

la chasse aux rats. Pendant la nuit que nous
passâmes à Akou, le chef du village fit mettre
à notre disposition plusieurs des cases les plus
confortables du village, mais il nous fut impossible d'y reposer tranquillement, à cause du
bruit singulier que rats et vipères, les uns se
sauvant, les autres poursuivant, firent jusqu'au
jour dans les feuilles sèches de la toiture qui
n'était guère élevée de plus de sept à huit pieds
au-dessus du sol. Plusieurs fois même, à la
lueur des lampes de terre dont on avait garni
ces habitations en notre honneur, nous aperçûmes les corps luisants et noirâtres des trigonocéphales qui se glissaient précipitamment
entre deux paquets de feuilles ; et nous ne pouvions nous empêcher de frissonner un peu, en
songeant à la morsure presque toujours mortelle de ces animaux.

Cependant, comme je pus m'en convaincre
par la suite, ces terribles hôtes vivent tranquillement dans les toitures des cases, sans être un
danger sérieux pour les habitants ; je n'ai
jamais entendu dire, en effet, qu'un seul indigène eût été mordu dans sa maison. C'est
autre chose dans les champs de sorgho, de
millet et de canne à sucre, que le noir parcourt
pieds nus ; il ne se passe de jour qu'il n'y ait
quelques victimes.

Avant d'employer le tronc du vinifera pour
se construire un abri, l'indigène l'exploite pendant plusieurs mois en vin de palme ; il retire
de cet arbre, par des incisions, une liqueur gri-
sâtre qu'il nomme *boudhou*. Cette boisson n'est
pas aussi douce que le vin de palme ordinaire
que l'on retire de l'*elœïs guinensis*, mais les
nègres la préfèrent de beaucoup, parce qu'elle
contient une plus grande quantité d'alcool, et
que, eu égard à la petite taille de l'arbre qui la
donne, ils peuvent la recueillir sans fatigue.
L'elœïs atteignant jusqu'à quatre-vingt-dix et
cent pieds de hauteur, et l'incision pour obtenir
la liqueur devant être faite au sommet de l'arbre, à la naissance du bouquet de feuilles qui
le couronne, on conçoit que ce soit un véritable
travail pour l'indigène que de monter au sommet de l'arbre, soir et matin, pour remplacer
les calebasses pleines par des vides.

Les fruits du *raphia vinifera* servent aussi à
faire une boisson dont les nègres sont encore
plus friands que de celle obtenue naturellement.
Chaque mois ils ramassent de grandes quantités
de ces fruits, et après les avoir dépouillés de
leur enveloppe écailleuse, ils laissent fermenter
les amendes, et en retirent une liqueur plus co-
lorée et plus savoureuse, qui se garde plus longtemps et les enivre comme ferait l'eau-de-vie.

Tout autour d'Akou, le terrain nous parut
des plus fertiles, les ananas, les bananiers,
goyaviers, mangos, oranges, citrons, melons,
pastèques et giraumons de toutes espèces, y
poussaient sans culture et les rues étaient envahies, par le pourpier doré, l'épinard sauvage,
la brède des créoles, l'oseille, et une foule de
légumes du pays dont nous ne connaissions pas
encore l'usage, mais qu'Obi-Ourano nous affirma être fort bons.

Chaque maison possédait un jardin entouré
d'un rempart naturel, formé par le rotang
(*calamus secundiflorus*), arbuste de la famille
des palmiers qui s'élève tout au plus à la hauteur de dix à douze pieds. A l'aide des fortes
épines qui garnissent l'extrémité de ses feuilles,
il s'accroche à tous les corps environnants. Les
feuilles mêmes qui pendent jusqu'à terre s'en-
tortillent entre elles, de manière que chaque
arbuste forme à lui seul un buisson impénétrable à toute espèce de gros animaux ; tout au
contraire il sert de barrière et de rempart naturel aux termès, fourmis, guêpes, oiseaux et
rats palmistes qui se réfugient sous son ombrage
impénétrable pour échapper à leurs nombreux
ennemis ; on ne saurait s'imaginer à quel point
ce genre de clôture donne un aspect pittoresque
à chaque case et par suite au village entier.

Des liens de parenté unissaient le chef du district d'Akou à la famille d'Obi-Ourano et nous dûmes à cette circonstance d'être reçus avec une magnificence toute royale. Du manioc, des patates et de petits cochons rôtis furent distribués à profusion à tous nos hommes, ainsi que des calebasses pleines de boudhou, ce qui ne tarda pas à les mettre en belle humeur. Dès que l'Africain est content, il faut qu'il danse, qu'il saute, qu'il crie, jusqu'à épuisement. La fête n'est complète que quand suant, haletant, poussant des sons inarticulés, il ne lui reste que juste la force d'aller se jeter dans la rivière ou l'étang le plus voisin, d'où, après une immersion de quelques secondes, il sort pour aller dormir sous un arbre, ou dans un coin de l'espèce de verandah — quatre piquets surmontés d'un toit de feuillage — qui précède sa case.

La danse au Bénin, composée de sauts brusques, sur un rythme monotone, au son de rondelles de cuivre qu'on frappe les unes contre les autres, est bien l'exercice le plus violent, le travail le plus pénible que je connaisse. Le musicien, si l'on peut donner ce titre à celui qui dirige la danse, frappe d'abord lentement et avec mesure ses deux morceaux de métal l'un contre l'autre ; les danseurs le suivent.

Peu à peu ils s'animent les uns les autres, en poussant des interjections gutturales ; bientôt c'est à qui frappera et sautera le plus vite. Les noirs finissent pas rouler pêle-mêle dans la poussière ; le dernier qui résiste est salué par les hourrahs frénétiques de la foule. Si un danseur parvient d'aventure à lasser le musicien, l'enthousiasme de l'assemblée ne connaît plus de bornes ; le vainqueur, quel qu'il soit, reçoit un mouton en cadeau ; on conçoit que celui qui n'a qu'à faire entrechoquer ses rondelles de cuivre, doit le plus souvent remporter ce prix ; aussi le présent du mouton est-il considéré comme son salaire habituel.

Tous nos gens prirent part à cette infernale sauterie, et le chef, à notre considération, voulut bien prêter le tambour placé à la porte de son palais, et sur lequel un esclave annonce, d'après le nombre de coups qu'il frappe, le rang des visiteurs de distinction.

Ce tambour, que les obas et les obis, les rois et les chefs, ont seuls le droit de posséder, d'après les usages du pays, comme un signe de leur autorité, n'est prêté pour les danses publiques que lors de la plus grande fête de tout le Bénin, la fête de l'Igname, qui a lieu à l'époque de la maturité de cette plante précieuse, qui tient lieu de pain à presque toutes les populations

des côtes de Guinée et de l'intérieur. Cette circonstance ne contribua pas peu à nous relever
dans l'estime des habitants d'Akou, car en
dehors du cas que nous venons de citer, le
tambour de l'obi ne paraît en public que
quand le roi d'Ouéni vient visiter la contrée.

Après avoir contemplé pendant quelques
instants le curieux spectacle que nous offraient
les deux ou trois cents noirs des deux sexes qui
se trémoussaient à qui mieux mieux sur la place
principale du village, nous nous rendîmes au
palais de Kofou — c'était le nom du chef — où
un souper nous avait été préparé. J'étais fort
disposé à y faire honneur, pourvu que les mets
fussent présentables, car la chaleur du jour
avait été telle que c'est à peine si, au dîner qui
avait eu lieu à cinq heures, comme à bord,
j'avais eu la force de prendre un peu de potage
et quelques fruits.

Pour que mes lecteurs ne soient pas étonnés
de me voir parler de potage dans le bassin du
Niger, et à la suite d'une caravane en marche,
je crois qu'il est utile de donner, dès le début de
notre excursion, quelques indications sur notre
manière de vivre.

Je suis persuadé que j'ai dû ma santé, pendant mes longues pérégrinations autour du
monde, d'un côté à la régularité de mes repas,

aux heures fixées : chasses, études, travaux,
j'ai toujours tout arrêté pour manger, estimant
qu'il n'y a aucune crânerie à se donner mi-
graines, névralgies, gastrites, etc., par l'irré-
gularité avec laquelle on répare les forces de sa
nature physique, et d'un autre côté à l'habitude que j'ai contractée, sous tous les climats,
sous toutes les latitudes, de faire du potage, je
devrais plutôt dire de la soupe, le début obligé
de tous mes repas. Les herbages, les légumes,
les volailles, le gibier, le poisson et le mouton
si abondant dans presque toutes les contrées de
l'Afrique, donnent le moyen de varier ce mets
à l'infini ; en y ajoutant sous les tropiques un
piment ou deux, il est aussi digestif que rafraî-
chissant.

Le capitaine Adams, qui m'appelait en plaisantant le commissaire aux vivres, *agent vic-
tualler,* me laissait la direction absolue de notre
nourriture, aussi avais-je formé notre cuisinier,
l'honorable Jims, à des habitudes de régularité
et d'hygiène gastronomique dont tout le monde
se trouva bien tant que les fièvres pestilentielles
du Niger ne vinrent pas décimer notre troupe.

La première de toutes les précautions à
prendre, dans les contrées équatoriales, consiste
à ne jamais se mettre en marche le matin à jeun.
Aussi, au lever du soleil, le jeune Charly, que

Jims avait dressé à cet effet, faisait-il son entrée,
sous les abris de feuillage qu'on établissait
chaque soir, ou dans nos cases quand nous lo-
gions dans un village, apportant aux Américains
leur café, dont pour rien au monde ils ne se
seraient passés et que, grâce à un innocent stratagème, je pus leur conserver pendant toute
notre excursion, et à Lucius et à moi un bol de
bouillon dans lequel, en guise de pain, on avait
fait cuire du riz, du maïs concassé, ou des me-
nues graines empruntées à ces innombrables
variétés de millet et de sorgho qui couvrent les
plaines de l'Afrique centrale.

A moins d'empêchement majeur, la caravane
s'arrêtait à dix heures pour déjeuner; le soir,
à cinq heures, au déclin du jour, on dînait au
campement choisi pour la nuit.

Je viens de dire que j'avais conservé aux
Américains leur café pendant tout le voyage;
ma recette est bien simple. Le jour où M. Jims
vint m'annoncer que la provision de café diminuait, je fis ajouter, par parties égales, de l'orge
grillé à ce qui restait, et quand ce mélange fut
épuisé, l'orge continua à jouer si bien le rôle de
café, que nos hommes ne s'en aperçurent pas.
Je croyais à une simple plaisanterie bonne pour
des matelots habitués à boire n'importe quoi
sous le nom de café : quel ne fut pas mon éton-

nement de reconnaître, après avoir goûté à cette
boisson, que non seulement l'illusion était possible, mais encore que le *café d'orge* était vingt
fois préférable aux horribles mixtures où règne
la chicorée, que l'on nous sert à Paris dans les
établissements de second ordre.

Nous fîmes honneur au repas que Kofou nous
offrit dans la grande case réservée à l'oba
d'Ouéni quand il venait visiter la contrée, et je
dois dire en toute sincérité que les mets qui
nous furent présentés n'étaient pas trop indignes
d'un palais européen. On nous servit d'abord
différentes espèces de poissons grillés; je n'eus
qu'à me faire apporter quelques citrons et des
graines de malaguette ou poivre du pays
pour leur faire une sauce qui les rendit délicieux.
On nous apporta ensuite un mouton entier rôti
avec une sorte de couscous de blé dans lequel
on avait introduit une certaine quantité de noix
de coco râpée qui lui donnait un goût étrange.
C'est le plat national du Bénin et du Yébou;
nous nous y habituâmes peu à peu et finîmes
par le trouver excellent. Plusieurs variétés de
bananes, des ananas, des oranges, des sapo-
tilles et des papayes composèrent notre dessert.
Quelques bouteilles de tafia que le capitaine
emprunta à nos provisions achevèrent de mettre
tout le monde en bonne humeur, et je pus cons-

tater que le vieux Kofou considérait l'*aloughou*
(rhum), ainsi que tous ses compatriotes, du
reste, comme la plus précieuse denrée que les
Européens aient apportée dans leur pays.

— *Les grands mondes*, chez les blancs, me
fit-il dire par Ourano qui nous servait d'interprète, doivent boire de l'aloughou toute la journée.

Par boire, il entendait se griser; le noir ne
commence à trouver qu'il a bu que quand il ne
peut plus se tenir.

Je ne vis jamais d'Africain plus étonné que
quand je lui eus fait répondre que, chez nous,
les grands mondes ne buvaient pas d'aloughou ;
après m'avoir considéré quelques instants en
silence, il finit par secouer la tête d'un air d'in-
crédulité et tendit sa calebasse. Nous le trai-
tâmes comme un *grand monde* africain en la
remplissant jusqu'au bord; elle tenait certainement plus d'un litre : il eut la force de la vider
trois fois sans en paraître incommodé.

L'expression de *grand monde*, généralement
adoptée par les noirs de cette côte, depuis
Sierra-de-Leone jusqu'au Gabon, indique dans
son sens exact un homme qui n'a pas besoin
de travailler de ses mains pour vivre. Cette
qualification, ambitionnée par tous les noirs
comme un titre de noblesse, s'applique à une

foule de gens, depuis l'homme libre jusqu'au
roitelet, mais on ne saurait prétendre à ce titre
de *grand monde* si l'on ne possède au moins une
femme, une case, un petit champ et un esclave.

Quand nous nous retirâmes dans nos cases pour
prendre un peu de repos, le gros tambour de
l'obi roulait toujours ses sons plus lugubres que
gais, et les habitants d'Akou, dont le nombre
s'était augmenté, depuis que le bruit des réjouissances avait gagné la campagne, continuaient à danser en notre honneur.

Il n'y a pas de fête complète, au Bénin, sans
des sacrifices humains, et nous apprîmes le
lendemain que deux esclaves avaient été égorgés et leur sang répandu à terre devant les
portes de nos cases pour nous rendre propices
les esprits qui président aux voyages heureux.

Au petit jour, je me levai pour aller observer
de près quelques-uns des sujets les plus intéressants de la flore de la contrée que je n'avais
fait qu'apercevoir la veille. Je fus obligé pour
sortir d'enjamber les corps de Zennah et de
Kanoun. Suivant leur habitude, nos deux fidèles
négresses, enroulées dans la pièce d'étoffe qui
leur servait de pagne le jour et de moustiquaire
la nuit, dormaient dans l'intérieur et en travers
de la porte de notre chambre.

Le sol des environs d'Akou est à peu près le

même que celui d'Arobo et de Gato. Peu élevé
au-dessus du fleuve, il est inondé chaque année, et le terrain noirâtre et comme tourbeux,
toujours humide, est couvert de la plus belle végétation. J'y distinguai l'*anthoclesta* aux feuilles
énormes et presque spatulées, diverses espèces de *naucléa,* des *calamus,* de magnifiques
elœïs, des *mertensia,* des aroïdes à grandes et
larges feuilles, et quantité de poivriers sauvages. L'*uvaria æthiopica* se montrait également
avec une grande abondance dans ces parages :
c'est l'arbre le plus commun de cette partie de
l'Afrique, je l'y ai rencontré jusqu'au Niger supérieur. Il est très estimé des nègres à cause
de son fruit aromatique qui fait entre eux l'objet d'un commerce très étendu ; les caravanes du
haut Niger en portent de grandes quantités
dans le Haoussa, le Bournou, et jusqu'au Soudan et au Dar-Four. Il est connu en France
sous le nom de poivre de Guinée des droguistes.
Ces fruits sont réunis plusieurs ensemble sous
un réceptacle globuleux porté à l'extrémité d'un
long pédoncule ; les graines sont renfermées
dans une pulpe sèche, très aromatique ; c'est
cette pulpe desséchée qui constitue un condi-
ment des plus agréables, elle a à peu près ;
la saveur du *raventsara,* ou *quatre épices* de
Madagascar.

Je me promenais depuis près d'une heure, glanant d'ici, de là, d'incomparables richesses pour mon herbier, lorsqu'à l'extrémité d'un petit enclos, une vieille négresse, que je rencontrai m'offrit des galettes de maïs et un rayon de miel ; je goûtai à ce dernier, et le trouvai supérieur à tous ceux dont j'avais mangé jusqu'à ce jour. C'était la première fois que je voyais du miel ; depuis notre entrée dans le Bénin ; je demandai à la brave femme d'où venait cette récolte. — *Manpata ! Manpata !* me répondit-elle, et comme je lui faisais comprendre que je n'entendais pas sa réponse, elle me fit signe de la suivre. Elle me conduisit au fond de son enclos et me montra un arbre magnifique, d'une hauteur d'environ cent vingt pieds, que je reconnus être le *Parinarium excelsum*. Quel ne fut pas mon étonnement, en l'examinant, de voir toutes ses branches garnies de ruches. C'est par milliers depuis que j'ai pu observer ce genre d'installation, en usage dans tout le Yébou et le Borghou.

Cet arbre gigantesque a cela d'extraordinaire qu'il est, pendant toute l'année, couvert d'une grande quantité de petites grappes de fleurs blanches qui, par leur odeur délicieuse, attirent un nombre prodigieux d'abeilles.

Pour retenir les abeilles sur cet arbre, sel

nègres suspendent aux branches des ruches de paille très bien faites, enduites de bouse de vache pour en chasser les insectes. Les abeilles s'y précipitent avec empressement et les ont bientôt garnies de rayons.

Pour recueillir le miel, les indigènes emploient un moyen bien simple : le soir, quand les abeilles sont toutes rentrées, munis de chiffons et d'une longue corde attachée autour de leur corps, ils montent sur l'arbre ; arrivés auprès des ruches, ils en bouchent les ouvertures avec les chiffons, détachent la corde de leur ceinture, la passent autour d'une ruche en la liant fortement à une des extrémités, et la descendent avec précaution ; un de leurs compagnons reste au bas de l'arbre, la reçoit. On fait la même opération pour toutes les ruches, puis on les porte à l'écart ; on fait brûler à l'entour de la bouse de vache à demi sèche seulement, ce qui produit une épaisse fumée. On arrache alors le bouchon qui ferme l'ouverture, on enlève l'enduit qui couvre la ruche, la fumée pénètre à travers la paille, et les abeilles en sortent précipitamment.

Le noir le plus adroit, placé près d'un grand feu et muni d'un couteau, détache proprement les rayons de miel et les passe à son voisin qui les nettoie et les dépose dans une grande calebasse. Un troisième entretient le feu et la fumée de façon que tout se termine avec une parfaite sécurité. Le miel est emporté à l'instant, et chaque ruche est replacée sur l'arbre après avoir été enduite de nouveau.

Les abeilles, qui ne sont qu'engourdies, rentrent dans leurs ruches au lever du soleil.

J'achetai de la négresse quelques rayons de miel qu'elle m'enveloppa fort proprement dans des feuilles de bananier, et je repris lentement le chemin du village, dont je m'étais écarté de près de deux milles.

Le temps était splendide, le soleil qui commençait à monter à l'horizon avait complètement dissipé l'humidité de la nuit ; quand j'avais commencé ma promenade, toutes les feuilles d'arbres, toutes les pétales de fleurs, étaient couvertes de perles de rosée ; en moins de rien chaque goutte d'eau s'était évanouie sous l'action de la chaleur ; les perruches, les merles métalliques, les bengalis africains, les boulbouls, et toute une armée d'oisillons gazouillaient sur les tiges des cannes à sucre, dans le feuillage des arbres, dans les buissons de lianes, tandis que les rats palmistes et les écureuils noirs jouaient entre eux en passant de branche en branche, poursuivis parfois par ce petit singe gris de Guinée, si pétillant de malice, qu'ils

avaient troublé, sur un baobab ou un *khaya
senegalensis*, dans la grave occupation de son
déjeuner.

Sur le seuil des demeures, les jeunes béniniennes au torse nu, à la poitrine bien plantée,
étaient occupées à traire de petites vaches aux
cornes recourbées, et le liquide nacré s'élançait en sifflant dans une calebasse dont la
surface se couvrait d'une mousse appétis-
sante.

Je n'ai jamais su résister à un spectacle aussi
engageant ; pour quelques cauris je reçus la permission d'approcher mes lèvres d'un des vases
pleins de lait et je m'abreuvai à longs traits de
la bienfaisante boisson, au grand ébahissement
de toutes ces belles filles qui, comme c'est l'u-
sage dans ces contrées, n'usaient du lait qu'à
l'état de caillé, ou après l'avoir fait aigrir à
l'aide de certains herbages.

Je pus constater que les noirs d'Akou étaient
très riches en bestiaux, bœufs, vaches, chèvres,
moutons, cochons, mais tout cela est d'assez
petite taille. Ils cultivent presque tous le riz,
le mil, le maïs, le coton, et diverses espèces
de légumes ; quelques-uns se livrent à la chasse
et à la pêche. Leur village comme tous ceux,
du Bénin, est très peuplé ; chaque case contient
de douze à quinze individus : père, mère, en-

fants et petits-enfants vivant tous pêle-mêle.
Les cases sont construites en bambous et ro-
seaux serrés, fixés à des poteaux qui s'élèvent
à cinq ou six pieds au-dessus du sol, et suppor-
tent une couverture en paille de forme conique.
Chaque case, pour les habitants ordinaires, ne
consiste qu'en un rez-de-chaussée de six à
quinze pieds de diamètre, où l'on entre par un
trou carré tout bas, unique ouverture de la case ;
l'intérieur est rarement divisé en plus de deux
compartiments, n'ayant pour tous meubles que
des espèces de claies recouvertes de nattes qui
servent de lit. Sur l'arrière se trouve une petite
cour, entourée d'une clôture très serrée dans
laquelle on fait la cuisine.

La nourriture favorite des Béniniens est une
espèce de pâte de millet, qu'ils nomment *san-
ghou*, et qui n'est en résumé qu'une espèce de
couscous.

Les femmes chargées de ce soin pilent d'a-
bord le millet dans des troncs d'arbre creusés en
forme de mortier, puis elles dégagent la farine
du son à l'aide d'un petit van circulaire fait
avec les tiges minces et flexibles d'un roseau.
Elles retirent ainsi deux sortes de farine,
l'une qui comprend la partie la plus grossière
et la moins blanche est cuite à la vapeur dans
un vase en terre ; la préparation est alors sèche

et granuleuse et sert à faire le couscous, avec
un assaisonnement de bouillon de volaille, de
mouton ou de poisson, et de poivre de Guinée ;
l'autre sorte se compose de la partie la plus fine
et la plus blanche de la farine, on l'accommode
avec du lait et on la mange avec du caillé ; ce
plat sert au repas du matin, le couscous est
réservé pour les repas du soir.

Autant que j'ai pu le remarquer, dans notre
passage assez rapide sur cette partie du territoire béninien, les habitants sont de mœurs
assez douces, quand ils ne sont pas exaltés par
la guerre ou les fêtes publiques, pendant lesquelles ils se grisent de vin de palme et se
portent alors, comme toutes les races encore
en enfance, aux cruautés et aux excès les plus
odieux.

Dans ces circonstances, la vie de leurs prisonniers et de leurs esclaves ne compte plus pour
eux, et c'est par centaines, par milliers même,
si c'est à la cour de l'oba, qu'ils égorgent ces
malheureux.

Il faut que nos négrophiles le sachent bien :
la situation des esclaves et des prisonniers de
guerre en Afrique est beaucoup plus désas-
treuse depuis l'abolition de la traite. A Dieu
ne plaise que je soutienne l'horrible institution
de l'esclavage ! mais il est un fait que je cons-

tate car il est d'une vérité absolue, c'est que
l'esclave n'étant plus une valeur d'échange
pour se procurer les marchandises européennes, les rois et les chefs les égorgent par milliers pour donner de l'éclat à leurs fêtes sauvages, qui ne sont souvent qu'un prétexte à se
débarrasser de bouches inutiles. J'ai souvent
entendu dire en Europe qu'en abolissant la
traite on ôtait aux rois africains la tentation
de faire la guerre pour se procurer des esclaves
à vendre. Ceux qui tiennent semblable langage
n'ont jamais mis les pieds à la côte d'Afrique
et ignorent d'abord que les rois africains se font
la guerre pour de tout autres motifs, et conti-
nueront à se la faire malgré l'abolition de la
traite, et ensuite que l'état social de ces contrées
étant basé sur l'esclavage, les chefs n'ont pas besoin de la guerre pour se procurer des esclaves.

Je reviendrai dans quelques instants sur
cette grande question de l'esclavage, pour expliquer ce qui a été fait et ce que l'on aurait
dû faire si la traite eût été véritablement abolie
dans un but philanthropique et non dans un but
politique; j'arracherai une fois de plus le mas-
que humanitaire dont l'Angleterre voile ses
odieuses spéculations.

La question vaut la peine d'être soulevée et
traitée, preuves en main, autrement que par

quelques phrases accidentelles. J'arrête donc
ma plume prête à s'égarer devant l'indignation
que suscite toujours chez moi certains souvenirs... et je reviens aux indigènes d'Akou.
Avant de quitter le Bénin pour nous enfoncer
dans les régions inexplorées du Yébou et du
Yarribah, je viderai à fond cette querelle, qui
est celle de la générosité et de l'honneur contre
la duplicité et le mercantilisme.

Les Béniniens sont en général bien faits,
d'un tempérament robuste, d'une taille moyenne
et bien prise ; ils ont les cheveux noirs, crê-
pus, laineux, mais très fins, les yeux noirs et
bien fendus, les traits agréables et la barbe
assez rare.

Les femmes sont mieux faites encore que les
hommes, leur peau est d'une douceur et d'une
délicatesse extrêmes, et quelques-unes sont
vraiment belles, mais comme presque toutes
les femmes de ces côtes, depuis le Sénégal jusqu'à Saint-Paul-de-Loanda, au Congo, elles ont
l'habitude de s'oindre les cheveux avec du
beurre ou de la graisse qui, au bout de quelque
temps, deviennent rances, et unis aux émanations de la peau finissent par prendre une
odeur peu agréable. Elles agissent ainsi afin de
pouvoir peigner et tresser plus facilement leur
chevelure.

2.

Les enfants vont nus jusqu'à l'âge de quatorze ou quinze ans pour les garçons, et jusqu'à l'âge de la puberté pour les filles. Pendant l'hivernage, on les couvre d'une pièce de cotonnade bleue. Les hommes, comme les femmes, pour tout vêtement, ne portent qu'un pagne en étoffe appelée guinée et qui est tissée dans le pays. Les femmes riches portent le pagne beaucoup plus long que les autres et en ramènent un pan sur leur tête ; mais toutes vont la poitrine nue.

Ce sont les jeunes filles et les femmes qui extraient du fruit de l'elœïs l'huile qui y est contenue, et qui, sous le nom d'*huile de palme*, fait l'objet d'un des commerces les plus importants de l'Afrique.

Elles pilent ces fruits dans des mortiers de bois, détachent ainsi la pulpe oléagineuse qui adhère fortement au noyau et font bouillir l'espèce de pâte qu'elles obtiennent après l'avoir délayée dans une certaine quantité d'eau.

La partie oléagineuse forme à la surface de l'eau une pellicule plus ou moins épaisse qui, en se refroidissant, se fige et prend la consistance du beurre.

Ce produit a une couleur jaune opaque, et une saveur douce, assez semblable à celle de l'huile de coco fraîche; mais, de même que cette dernière, il rancit rapidement. Quand il vient d'être fabriqué, l'indigène s'en sert pour faire frire des poissons, des légumes et une espèce de galette de viande qu'ils font avec du mouton haché et des aubergines.

A une certaine distance, le village d'Akou me parut beaucoup plus considérable qu'il n'était, et tous les centres habités au Bénin offrent la même illusion au voyageur.

Cela tient à ce que chaque case possède, de l'autre côté de la cour qui sert à la cuisine, souvent même sur le même alignement, son grenier où on enferme les réserves de millet et autres grains servant à l'alimentation. Ces greniers sont couverts d'une sorte de toit en paille bien travaillée, semblable pour la forme à celui des maisons ordinaires, ce qui les fait confondre aisément avec les habitations, et souvent est cause que l'on donne à un village une importance double de celle qu'il a réellement.

Quand je rejoignis mes compagnons, tout était déjà préparé pour le départ. La principale, ou pour mieux dire, l'unique rue d'Akou, était littéralement encombrée par notre caravane et le spectacle des guerriers béniniens sous les armes, ainsi que des esclaves qui attendaient le signal assis sur leurs fardeaux, était des plus pittoresques.

Le vieux Kofou vint nous faire ses adieux et

nous annoncer qu'il avait donné l'ordre à un des
gangas (prêtres ou sorciers, ces deux noms sont
synonymes dans toutes les langues) de faire le
sacrifice qui devait nous rendre les mauvais
génies propices sur tout notre parcours.

Notre interprète nous avertit qu'on allait encore couper le cou à un malheureux esclave en
notre honneur.

Nous essayâmes vainement, Adams et moi,
de nous interposer; Kofou était têtu, il s'était
mis dans la tête de voir couler le sang, et rien
ne put faire revenir cette brute de son idée.
Un moment je crus avoir gain de cause, je lui
avais offert un fusil contre la vie de son prisonnier ; ses yeux brillèrent de convoitise, et il me
répondit : — Bon! donne vite ton natté-natté, et
prends cet homme, on va en amener un autre
pour le ganga.

Je refusai le marché qui, en résumé, ne sau-
vait la vie d'un homme que pour en sacrifier
un autre. On aurait eu beau offrir cadeau sur
cadeau, la convoitise nègre aidant, tous les esclaves de Kofou eussent l'un après l'autre servi
d'amorce.

La pauvre victime s'avança, bâillonnée, précédée de deux esclaves qui portaient un bassin
en cuivre, du ganga chargé d'officier, et suivie
de deux guerriers complètement nus, armés de

massues. On la fit arrêter près de la maison du chef où le ganga la força de s'agenouiller près du bassin de cuivre.

Les deux guerriers se mirent alors à danser avec les contorsions les plus grotesques autour de l'esclave, qui attendait le coup fatal avec la résignation habituelle à cette race d'opprimés. Sur un signe du ganga, les massues que les danseurs faisaient tournoyer autour de leurs têtes s'abattirent avec la vitesse de l'éclair sur le crâne de la victime, qui tomba en chancelant la face dans le bassin de cuivre ; le ganga se précipita sur elle et lui coupa la gorge.

Les soldats béniniens de notre escorte vinrent tremper le bout de leurs lances dans le sang dont le vase s'était rempli aux deux tiers, nos esclaves porteurs implorèrent à leur tour la faveur d'en jeter quelques gouttes sur leurs gris-gris ou amulettes. A la joie qui éclata sur leurs visages, ils parurent persuadés, après cette dégoûtante cérémonie, qu'ils allaient accomplir un voyage heureux.

Il est inutile de dire que nous détournâmes nos regards d'un aussi triste spectacle. Nous étions réellement navrés de ne pouvoir nous opposer à de tels actes de sauvagerie, mais notre intervention par la force aurait eu pour résultat, d'abord de ne rien empêcher, et en second lieu de terminer notre voyage dans l'intérieur à la première étape.

Le bruit se serait répandu immédiatement partout qu'une troupe de blancs venait d'arriver sur le Formose pour renverser les usages nationaux et religieux, nous eussions été abandonnés sur-le-champ par les guerriers de l'oba d'Ouéni, que rien au monde n'aurait décidés à nous suivre dans cette voie, et massacrés peut-être avant d'avoir pu regagner la *Sarah*.

Nous devions passer comme une simple caravane de marchands, uniquement occupés de ses échanges; tout voir, ne rien dire, et surtout ne rien faire qui pût éveiller la susceptibilité des indigènes. Compris ainsi, notre voyage avait le mérite de posséder un but clair, bien défini, accessible à tous les noirs, qui comprennent très bien que nous venions chercher chez eux la poudre d'or, l'ivoire, le caoutchouc, l'huile de palme, et que nous leur apportions en retour les produits européens dont ils ont besoin... Mais tenter de toucher en quoi que ce soit aux coutumes séculaires auxquelles ces peuples tiennent d'autant plus qu'ils sont moins avancés en civilisation serait, je le répète, pure folie.

Je suis persuadé que la plupart des voyageurs dont le centre de l'Afrique a été le tombeau

n'ont dû leur fin misérable qu'à cette double
cause : que l'objet de leur voyage n'était peut-
être pas bien compris des noirs. Allez donc leur
faire croire, en effet, que vous parcourez leur
pays pour savoir en quel lieu tel ou tel de leurs
fleuves prend sa source !... Et qu'ils n'ont peut-
être pas toujours respecté les préjugés et les
habitudes des peuples qu'ils visitaient.

Ourano, le fils du chef d'Arobo, qui avait
voulu nous accompagner et qui répondait, en
quelque sorte de notre sûreté auprès de son père
et de l'oba de Bénin, ne cessait du reste de
nous répéter de ne nous mêler ni des querelles
des indigènes, ni de leurs cérémonies religieuses,
ni de leurs fêtes si nous voulions revenir sains
et saufs.

Le sanglant sacrifice accompli, Kofou, dont
les témoignages d'amitié finissaient par être
gênants, consentit enfin à nous laisser partir.
Cinq jours de marche devaient nous conduire au
mystérieux pays des Yébous, qu'aucun voyageur européen n'avait encore visité.

Avant de quitter Akou, j'achetai deux petits
bœufs de trait et une charrette des plus primitives mais solide, que je fis en moins d'une heure
garnir d'une sorte de bâche avec des nattes de
pendanus et des feuilles sèches ; les mêmes nattes me suffirent pour installer un lit conforta-

ble dans l'intérieur. Je n'eus pendant tout le
voyage qu'à me louer de cette précaution que
mon séjour et mes nombreuses excursions
dans l'Hindoustan, m'avaient suggérée. Il y
avait largement place pour deux personnes, et
j'annonçai à Lucius que j'avais fait cette em-
plette pour notre usage commun.

— Sybarite, me dit Adams, en regardant
notre véhicule avec un sourire moqueur.

— Tant que vous voudrez, capitaine, lui répondis-je, mais je suis d'avis qu'aux dangers
de notre entreprise, il est inutile d'ajouter des
excès de fatigue qui se terminent ordinairement
par une de ces fièvres si terribles sous ces latitudes, qui ne guérissent bien qu'en Europe
quand elles ne vous emportent pas. Or, la fièvre
du Niger, quand nous serons à quatre ou cinq
cents lieues d'ici, sans forces pour revenir sur
nos pas, c'est la mort.

— Pourquoi ne m'avez-vous pas dit cela plutôt? fit le capitaine devenu subitement pensif.

— Parce que, mon cher Adams, vous avez
déjà voyagé au Bénin et je supposais que si
vous ne vous précautionniez pas d'un semblable abri, ce ne pouvait être que de propos dé-
libéré.

— Je n'ai voyagé qu'en rivière et ne connais-
sais pas ce genre d'installation.

— Vous feriez peut-être bien de vous en procurer une semblable pour vos Américains et vous.

— J'y songeais.

— Nous ne faisons que de quitter Akou, retournons à ce village, et dès ce soir tout sera paré ; vingt-quatre heures ne sont rien quand il s'agit de la santé.

— Continuons notre marche, me répondit notre ami, après un instant de réflexions ; mes hommes ne peuvent cesser un seul instant leur surveillance. Vous ne connaissez pas les noirs, il faut une main de fer pour les contenir ; nous ne jouons pas notre vie sur un lit de rose, et je suis sûr que je baisserais dans l'estime de mes rudes marins, si je les faisais voiturer comme des femmes.

— Merci ! capitaine, alors nous...

— Mais vous, fit-il en m'interrompant, vous n'avez aucune responsabilité ici, mes hommes vous considèrent à terre ni plus ni moins que si nous n'avions pas quitté la *Sarah ;* pour eux, vous n'êtes que des passagers, et vous pouvez faire tout ce qu'il vous plaira sans qu'ils s'en inquiètent.

— Soit ! achetez au moins des bœufs et une charrette pour vous.

— Avant tout je dois l'exemple, et pour être bien obéi, mes compagnons doivent être persua-

dés que je serai toujours le premier au danger
et à la fatigue.

Et il nous quitta en sifflant son air favori de
Yankee doodle, pour se porter en avant et voir
si tout allait bien dans la caravane.

Un homme de fer que cet Américain, et je
n'ai rapporté cette conversation que pour ajouter un trait de plus à cette énergique figure et
bien faire comprendre ce que sont ces rudes
pionniers du Far-West, qui transportent partout, sous les glaces des pôles, au soleil des tropiques, leur aventureuse énergie, leur insou-
ciance de la vie et leur courage à toute épreuve
dès qu'ils sont en face d'un résultat qu'ils veulent atteindre.

Aussi, le monde et l'avenir sont à eux !

Pendant les jours qui suivirent, occupé du
matin au soir par le souci de ses marchandises, de ses porteurs, de la route à suivre, le
capitaine eut peu de temps à nous donner, et
nous en profitâmes pour faire notre compagnie
d'Ourano qui, parlant assez bien l'anglais, nous
était d'un précieux secours pour notre mission d'observations sur les mœurs et les usages
du pays.

Cela me permettra de compléter les remarques sur le Bénin contenues dans le premier
volume de ce voyage, remarques, que la rapidité

de notre marche, des rives du Formose chez les Yébous, ne nous aurait pas permis de faire nous-mêmes.

Adams n'était nulle part pour les longs séjours, mais il avait une raison excellente pour brûler en quelque sorte le Bénin, car parmi les conditions imposées par l'oba à sa protection qui devait s'exercer pendant tout le voyage par ses soldats qui répondaient de nous, se trouvait celle de ne vendre aucune carabine à répétition et aucun révolver aux autres chefs et petits rois d'Ouéni, ses tributaires. Toute station était donc pour Adams du temps perdu !

On conçoit qu'une semblable façon d'agir n'était pas des plus favorables à nos doubles études de botanique et de linguistique, aussi une idée, celle de laisser la grande caravane aller en avant et de la rejoindre dans des lieux déterminés, commença-t-elle à germer dans mon esprit, et je me promis d'en faire part au capitaine à la première occasion.

Les populations du Bénin sont toujours en fêtes, il est rare qu'elles n'aient pas chaque semaine deux ou trois anniversaires importants à célébrer par des festins, des chants et des danses. Partout la double alliance sacerdotale et royale a produit le même résultat : la masse abrutie se soumet à qui l'amuse et à qui frappe son imagination par le merveilleux et l'incompris.

Les deux grandes fêtes qui affectent un caractère religieux et national sont la fête de l'Igname, dont j'ai déjà parlé, qui se célèbre toutes les années au mois de septembre, et celle de l'Hataï, qui se célèbre tous les vingt et un jours et en dure huit. En ajoutant à cela les innombrables solennités religieuses, fêtes des fétiches et de famille, on verra qu'il resterait peu de temps au Béninien pour se livrer au travail, s'il ne se déchargeait de ce soin sur les esclaves et les femmes.

L'igname est le légume le plus important du pays, on peut dire qu'elle joue chez les indigènes le rôle de pain chez nous. On célèbre sa fête quand elle entre en maturité. Les chefs et rois tributaires sont tenus d'y assister dans la capitale même d'Ouéni. Tous les excès sont de mise pendant cette fête ; chaque chef ou roi, en entrant à Ouéni, immole un ou plusieurs esclaves, selon son rang, puis il vient défiler avec tous les siens devant le roi sur la grande place garnie de canons où se tient le cortège de l'oba. Le soir même commencent les scènes d'ivresse, qui ne cessent qu'au matin, pour recommencer au coucher du soleil. Dans tous

les endroits importants de la ville, le roi fait
placer d'énormes bassins pleins de rhum, de
vin de palmier, et de jus fermenté d'oranges ;
chacun vient y boire, et ce sont d'interminables
scènes d'orgies pendant lesquelles toutes les
femmes sans distinction de classes appartiennent à ceux qui les rencontrent. L'intérieur des
demeures ne les protège plus, car chacun a le
droit de pénétrer où bon lui semble. Hâtons-
nous de dire, du reste, que pendant ces fêtes de
l'Igname, les Béniniennes sont les premières à
provoquer les hommes par leurs attitudes. On
les voit se promener demi nues, buvant à tous
les carrefours et défiant tous ceux qu'elles
rencontrent, soldats, étrangers, gangas, d'arriver à les lasser. Le second jour est consacré
aux affaires générales de l'État : l'oba préside
une sorte de diète de tous les chefs et rois ses
tributaires, et pendant ce temps-là, des sacrifices humains s'accomplissent dans tous les
coins de la ville. Des milliers d'esclaves sont
immolés sur les sépultures royales, et les gangas, en égorgeant trois hommes, trois femmes,
trois enfants, dont ils recueillent le sang au-
dessus d'un grand bassin, plein de légumes et
de viandes, préparent le charme annuel qui
doit garantir la vie du roi jusqu'à la pro-
chaine fête de l'Igname, c'est-à-dire pendant

l'année qui va suivre ; si ce charme n'était pas préparé en temps voulu, l'oba serait exposé aux plus terribles dangers, dont le moindre serait d'être possédé par le *Lolouc* ou chef des esprits malins.

On fait aussi couler le sang humain à flots dans le sillon où on a récolté la première igname mûre. Au bout de dix jours de folies de toutes espèces, — l'oba vient accompagné de toute sa cour manger de l'igname nouvelle sur la place du marché, en présence de la foule, qui chante un hymne en l'honneur de la précieuse racine. Le lendemain, avec tous les habitants, le roi va faire ses ablutions solennelles dans le Formose. On transporte sur les bords de la rivière son trône, ses armes, tous les objets qui sont à son usage personnel, et il les purifie de ses propres mains, avec des aspersions d'eau ; et chose étrange, en ce que cette tradition se retrouve au berceau de presque tous les peuples de l'orient, l'oba charge de tous les crimes, de toutes les fautes, de tous les péchés d'ordre religieux, qui ont été commis dans l'année, un bouc et un mouton qu'on lui amène, puis il les égorge et les jette à l'eau. Dans la croyance de tous, le fleuve emporte les deux victimes à la mer, et avec elles toutes les souillures du Bénin.

De retour au palais, on égorge dix esclaves devant chaque porte. Le sang répandu à terre, uni aux conjurations magiques prononcées par les gangas, a pour propriété d'en interdir l'entrée à toutes les maladies, aux esprits mauvais et aux gens malintentionnés. Quelques gouttes de sang humain sont aussi répandues dans toutes les chambres du palais.

Enfin, toute cette orgie de sang, de boissons et de débauche dure vingt et un jour ; ils semblerait que ces gens-là ne s'arrêtent que quand ils sont las de tuer et de boire.

L'Hataï, à part qu'on n'y mange pas d'igname et qu'il n'y a pas d'ablutions à la rivière, ne se célèbre pas autrement que la précédente fête. Le jour, les chants et la danse ; la nuit, la boisson et les licences les plus contre nature.

Je ne craindrais nullement de donner la description de ces scènes singulières, qui mieux que tous les raisonnements font connaître le degré de civilisation d'un peuple ; les questions de morale n'ont rien à faire avec les questions d'ethnographie, et je n'ai jamais rien vu de plus curieux que certaines relations de voyageurs médaillés par toutes les sociétés de géographie, qui après de longs mois de courses dans l'intérieur, nous reviennent sans oser soulever, par pudeur, un coin du voile qui couvre les mœurs

du Gabon et du bassin de l'Ogooué ou du Congo.
Pour ma part, si je ne pousse pas plus loin mes
récits et explications sur ces fêtes du Bénin,
c'est que je ne parle en ce moment que d'après
ce qu'Ourano nous a conté, le trop court séjour fait dans le bassin du Formose ne nous
ayant pas permis de nous trouver dans la capitale à l'époque de ces fêtes.

C'est toujours la grande querelle entre les
voyageurs ethnographes et les voyageurs géographes. Les uns placent les questions de
mœurs, de religion, de civilisation, de langage
avant tout. Les autres ne voient que des latitudes, des montagnes, des cours d'eau ; il semblerait que le bonheur de l'humanité sera complet quand ces derniers seront parvenus aux
sources de l'Ogooué ou du Congo ; ils regardent
en pitié ceux qui étudient les mystères de la filia-
tion des races humaines, qui fouillent des radi-
caux pour reconstituer des langues... Qu'est-ce
tout cela ? avez-vous découvert une petite
source, mesuré seulement une montagne?...
Il n'y a qu'eux ! il n'y a qu'eux ! comme dit le
dentiste Gredane.

Mon Dieu, soit ! il n'y a que vous, illustres
voyageurs géographes !... Nous qui étudions
les hommes et la nature, nous sommes des
voyageurs qui nous laissons emporter par l'i-

magination, comme vous le dites avec tant d'à-propos dans vos petites préfaces. Que voulez-vous ?... tout le monde n'est pas né pour écrire des voyages en style de géomètre-arpenteur... et puis je tiens à vous le dire tout doucement : vous avez tort de le prendre d'aussi haut... car enfin il suffit d'audace pour remonter le Congo et l'Ogooué, tandis qu'à celui qui nous rapportera des études sur la flore de ces contrées, qui nous donnera l'ethnographie des différentes races qu'on y rencontre, nous révélera le véritable sens de leurs croyances, de leurs superstitions, de leurs idées cosmographiques, si rudimentaires qu'elles soient, et nous dira l'*âge linguistique* de leurs idiomes... à ce voyageur-là, Messieurs, croyez-moi, il faudra autre chose qu'un bon fusil, de bonnes jambes et du courage... Laissez donc ces voyageurs tranquilles : ils travaillent pour ajouter une page à l'histoire générale de l'humanité, et ne vous empêchent nullement de courir le monde pour empailler des singes et des perroquets...

Je ne sais rien de plus étrange, de plus sauvage que les cérémonies funéraires qui suivent la mort de l'oba. Les fils, les frères et les neveux du roi décédé se précipitent en furieux hors du palais, et le fusil à la main, pendant trois jours, tuent sans distinction tous les gens

qu'ils rencontrent dans les rues. La population
se ferme soigneusement chez elle, et de temps
à autre on force quelques esclaves à sortir, pour
donner un aliment à la fureur des parents de
l'oba; sans cela, ces derniers auraient le droit,
s'ils restaient un jour entier sans rencontrer
de victimes, de pénétrer dans l'intérieur des cases et de choisir eux-mêmes parmi les hommes libres tous ceux qu'il leur plairait d'immoler. Dès que le roi est déposé dans la terre, on
égorge sur sa tombe ses ministres, les servi-
teurs attachés à sa personne et toutes ses
femmes. Cette coutume, qui existe depuis un
temps immémorial, est consacrée par la tradition religieuse, et il est d'une croyance commune que si on ne la respectait pas, les plus
grands maux, tels que la peste et la famine, sé-
viraient immédiatement dans tout le royaume.

Le despotisme ombrageux de ces rois africains a trouvé là un puissant moyen de préser-
vation; il est certain que tous ces malheureux,
dont la vie est attachée à celle du maître, doivent veiller avec un soin jaloux à la sûreté de
ce dernier.

Seule, la mère de l'héritier du trône est épar-
gnée.

Tous les chefs, petits rois dépendants du suzerain d'Ouéni, ainsi que les villes les plus

importantes, doivent envoyer en cadeau, pour la célébration des funérailles, deux ou trois barils de poudre et un nombre d'esclaves proportionné à leur richesse ; la poudre se dépense en artifices et les esclaves sont immolés. Plus il y a eu de sang humain répandu en l'honneur du défunt, et plus sa mémoire a été honorée.

Les traditions genésiaques du Bénin sont singulières et méritent d'être rapportées.

Les habitants d'Ouéni reconnaissent un Dieu maître de toutes choses. Voici, d'après notre ami Ourano, comment la création s'est opérée.

Après avoir créé la terre, Dieu forma deux hommes, l'un noir et l'autre blanc, et il leur donna à chacun une femme de leur couleur ; puis ayant placé sous un arbre une calebasse fermée et un papier scellé, il dit aux deux hommes que tous les biens se trouvaient enfermés dans ces deux objets, et il appela le noir, en lui ordonnant de choisir le premier.

Le noir prit la calebasse, et l'ayant ouvert, il y trouva un morceau d'or, d'ivoire et de cuivre, dont il ne sut que faire ; dans le papier fermé, celui du blanc, Dieu lui promettait tous les biens.

Les noirs furent relégués au milieu des broussailles et des bois, tandis que Dieu con-

duisit les blancs sur les bords de la mer, et
toutes les nuits, il venait s'entretenir avec eux ;
il leur apprit à construire des vaisseaux, et de
cette façon ils purent aller voyager dans d'autres
pays ; longtemps après ils revinrent avec une
immense quantité de marchandises pour trafi-
quer avec les noirs.

Si les noirs avaient été plus heureux dans
leur choix, ils auraient été le premier peuple
de la terre.

Au-dessous de leur Dieu, qu'ils nomment
Aroué, se trouvent une foule d'esprits inférieurs,
les uns bons auxquels il faut faire de nombreuses offrandes pour obtenir d'en être protégé,
et les autres mauvais, auxquels il faut offrir
des présents non moins nombreux, pour obtenir qu'ils vous laissent en paix. Il y a comme
dans l'Olympe de l'antique Asie, copiée, par les
Grecs, des esprits qui président aux bois, aux
fleuves, aux montagnes, aux routes, aux carrefours, aux entreprises, à la guerre, à l'amour,
aux échanges, aux voyages, aux naissances, aux
morts, aux mariages, au sommeil, aux son-
ges, aux demeures, aux champs, aux récoltes, à
la fécondité, aux échanges, etc... L'action la plus
indifférente de la vie est sous l'influence d'un
esprit spécial ; en outre de cela, chaque famille
a ses lares ou dieux pénates : rien ne peut se

faire, aucun projet ne peut être mis à exécution,
sans qu'on ait offert des présents à ses dieux
domestiques d'abord, et aux esprits spéciaux
qui président à la chose que l'on veut entre-
prendre ensuite.

On a beau faire le tour de notre machine
ronde, aller dans les îles de l'Océanie, dans les
temples de l'Inde, les forêts de l'Afrique ou les
églises d'Europe, partout on peut constater que
l'œuvre du prêtre est la même ; partout, sous
prétexte de religion, les habiles savent attirer à
eux, à titre d'offrandes à Dieu, le meilleur du
travail des autres; partout, ils fabriquent sur la
création du monde des histoires à dormir debout, qu'ils prétendent tenir de Dieu lui-même ;
partout, la superstition et la faiblesse des masses leur permettent de vivre dans une grasse et
sainte oisiveté ; partout, ils font commerce de
gris-gris, d'amulettes, de chapelets, de fétiches,
de scapulaires et de prières qui guérissent les
maladies, rendent propices les esprits et chas-
sent le diable.

Partout les sorciers sont les mêmes, qu'on
les appelle gangas, brahmanes, bonzes, prêtres
ou lévites ; ce sont des habiles qui exploitent
la crédulité publique avec les mêmes fables et
les mêmes supercheries.

Si messieurs les voyageurs des sociétés de

géographie veulent bien me le permettre, je vais leur chercher encore une legère querelle. Je les prie de m'excuser, mais il y a si longtemps que je désire leur adresser cette petite question, que je saisis avec empressement l'occasion qui se présente.

« Ces peuples sont fétichistes ! » disent-ils gravement et avec un touchant accord, dès qu'ils mettent le pied, sur la terre d'Afrique.

Fétichistes, les Achantis, les gens du Dahomey ; fétichistes tous les habitants de la Côte de Guinée, du bassin du Niger, du Gabon, du Congo..., tous fétichistes !

Eh bien ! je crois que ces Messieurs se servent d'une expression toute faite, d'un cliché qui les dispense d'études. C'est si vite dit : fétichiste !

Qu'est-ce que le fétichisme ?

L'adoration du bois, de la pierre, des légumes, des animaux, des éléments, en tant que bois, pierre, légumes, animaux et éléments, et non comme la représentation d'une force divine.

Le sauvage ou l'homme primitif, pour être fétichiste, doit adorer en effet son tronc d'arbre comme tronc d'arbre, car s'il le vénère comme représentant Dieu, ou une force supérieure qui dirige la nature, il sera aussi bien polythéïste et monothéiste que l'homme civilisé.

Ce n'est pas en effet la grossièreté de l'image destinée à représenter un dieu qui entraîne la dénomination de fétichiste pour celui qui l'adore ; car alors une peuplade serait fétichiste ou polythéiste selon qu'elle aurait ou n'aurait pas des Apelles et des Praxitèles, des Michel-Anges et des Raphaëls pour représenter ses dieux.

Eh ! bien, je déclare que cette accusation portée par les voyageurs et les anthropologistes d'une certaine école, contre l'humanité, d'avoir adoré de la pierre et du bois en tant que pierre et bois, ne pourrait dans le passé citer un seul texte, et dans le présent citer un seul fait à l'appui de son opinion.

Pour le présent : j'ai parcouru le monde, de l'Inde aux îles les plus reculées de l'Océanie, ne perdant aucune occasion d'interroger l'homme de la civilisation primitive chaque fois que je pouvais le rencontrer, et chaque fois j'ai reçu la réponse que m'a faite un anthropophage des Marquises que j'interrogeais comme président de la cour d'assises de Taïti. Il avait mangé avec les gens de son village quatre matelots d'un baleinier américain, et je voulais me rendre compte de son niveau moral pour apprécier sa culpabilité.

— I ravé na vai te taata? (Qui a fait l'homme?) lui dis-je en mahori.

— Té Atua (c'est Dieu), me répondit-il dans le même idiome.

— I ravé na vai té vahiné? (Qui a fait la femme?)

— Té Atua.

— I ravé na vai té fénua? (Qui a fait la terre?)

— Té Atua.

— Toô hia té atua? (Combien y a-t-il de dieux?)

— Rahi iti atua, atai tavana. (Il y a beaucoup de petits dieux, *mais un seul grand chef.*)

Me souvenant de cette scène et de vingt autres qui avaient eu pour théâtre les îles de la Sonde et les plages inexplorées du Pacifique, je voulus en avoir une nouvelle édition sur cette côte africaine, dans ce pays de Guinée dont les populations sont de prime abord traitées de fétichistes par tous ceux qui les visitent.

Un soir, au campement, je fis appeler au hasard un des soldats béniniens de notre escorte, et Ourano nous servant d'interprète, la conversation s'engagea de la manière suivante :

— Qui est-ce qui a créé la terre, les hommes et tout ce qui est sur la terre?

— C'est Aroué.

— Qu'est-ce qu'Aroué?

— C'est l'oba invisible de tout.

— Pourquoi lui donnes-tu ce titre d'oba (ce nom signifie textuellement roi des rois)?

— Parce qu'il n'y a personne dans le monde d'aussi puissant qu'Aroué. Sans lui tous les loloucs tourmenteraient les hommes sur la terre, et il serait impossible de rien faire.

— Qu'appelles-tu Loloucs?

— Des esprits mauvais qui ne recherchent que le mal.

— Et comment Aroué les fait-il obéir?

— Il envoie les otobis pour les battre et protéger les hommes.

— Qu'est-ce que les otobis?

— Ce sont de bons génies qui exécutent les ordres d'Aroué.

— Qui est-ce qui a créé les loloucs et les otobis?

— C'est Aroué.

— Comment Dieu a-t-il pu créer de mauvais esprits? Aroué n'est donc pas bon?

— Le capitaine se trompe (tous les blancs sont capitaines pour les indigènes de ces côtes), Aroué est très bon, et il avait créé les loloucs et les otobis tous bons, mais les loloucs voyant que les otobis étaient plus beaux et plus puissants qu'eux dirent à Aroué : Pourquoi nous as-tu donné les otobis pour chefs? nous ne voulons pas leur obéir. Alors il y eut un grand combat dans le palais d'Aroué, les otobis chassèrent les loloucs de la demeure d'Aroué, et les loloucs se réfugièrent sur la terre. Ils se cachèrent dans les bois, dans les buissons, dans les fleuves, au milieu des palmiers épais, dans la toiture de paille des cases, partout enfin, et ils soufflèrent la guerre entre les hommes, et les hommes qui avaient été créés tous bons eux aussi, devinrent mauvais sous l'influence des loloucs.

Alors Aroué envoya les otobis sur la terre pour combattre les loloucs et inspirer aux hommes les bonnes choses qu'ils doivent faire ; et c'est depuis ce temps que les hommes sont mauvais quand ils écoutent les loloucs, et ils sont bons quand ils écoutent les otobis.

— A quoi cela sert-il d'être bon ou mauvais ? Si je te prends ta femme, ce sera mauvais pour toi, mais bon pour moi.

— Oui, mais les otobis retiendront ton nom et quand tu seras mort, ils te poursuivront partout pour t'empêcher de reprendre la forme d'un homme libre, et tu seras réduit à entrer dans le corps d'un esclave.

— Quand on est mort, on revient donc sur cette terre ?

— Est-ce que le papayer ne met pas sa vie dans ses fruits ; quand le papayer meurt, ses fruits tombent, la terre reçoit ses graines et il pousse d'autres papayers.

— Et si, quand on meurt, on a écouté la voix des otobis, que devient-on ?

— L'homme qui n'a jamais manqué d'offrir le sacrifice aux otobis, qui n'a pas frappé son père, qui n'a jamais fui à la guerre, qui a toujours obéi au roi, revient dans le corps d'un ganga (prêtre) ou d'un chef.

— Reviendra-t-il toujours ainsi sur la terre?

— Non, quand il aura été neuf fois grand-père dans neuf existences différentes, Aroué le retiendra et en fera un otobi.

— Pourquoi offrez-vous des présents, des sacrifices aussi bien aux loloucs qu'aux otobis.

— Les loloucs sont plus puissants que les hommes, ils peuvent leur envoyer des maladies, faire mourir leurs bestiaux, échouer tous leurs projets, les otobis ne sont pas toujours là pour veiller. Il est préférable d'éviter le danger en offrant des sacrifices aux loloucs qui sont très friands des hommages des hommes.

— Ne trouves-tu pas barbare de faire couler le sang humain, à la moindre fête, et penses-tu qu'Aroué et les otobis applaudissent à vos sanglants sacrifices.

— On ne sacrifie que les esclaves, c'est-à-dire des hommes qui avaient été méchants dans leur vie antérieure ; quand ils sont égorgés, dans une cérémonie, par la main du ganga, et que leur sang est répandu au pied des statues des dieux ou sur les tombeaux des rois, ils sont purifiés par leur sang des fautes qu'ils ont commises et peuvent revenir sur la terre dans le corps d'un homme libre.

Ces paroles me donnèrent l'explication d'un étrange phénomène que j'eus l'occasion d'observer souvent dans ce voyage. Chaque fois que j'ai assisté, toujours malgré moi, comme on doit bien le penser, à quelques sacrifices humains, je n'ai jamais vu un seul esclave chercher à éviter le sort qui l'attendait ou même paraître regretter la vie. Bien plus, j'ai eu occasion de voir, dans le Yarribah surtout, où cette habitude est très en vigueur, une foule d'esclaves venir demander la mort à leurs maîtres, comme un moyen de terminer leurs peines et de passer plus rapidement dans le corps d'un homme libre. Je décrirai ces scènes curieuses en leur temps ; qu'il me suffise de dire que, devant la volonté persistante de l'esclave, la coutume est que le maître ne peut lui refuser l'*émancipation de la mort*.

J'ai déjà relevé le même usage dans nos comptoirs d'Assinie et du Grand-Bassam.

J'avais tout d'abord mis cela sur le compte

de l'abrutissement ; poussé par la souffrance,
l'esclave en arrivait à demander la mort ; mais
l'explication tirée de la coutume religieuse m'a
depuis paru beaucoup plus logique. Car si
dans sa triste situation on comprend que l'esclave puisse voir dans la mort la fin de ses peines, on ne saisira pas bien ce qui pourrait
engager le maître à accéder à ses désirs et
à perdre le fruit de son travail, en le faisant
égorger par le ganga, s'il n'avait pas le préjugé
religieux pour l'influencer.

Il peut arriver en effet que lui-même, chassé
dans le corps d'un esclave, il se voie à son tour
refuser par un maître ce qu'il aura lui-même
refusé à son esclave dans une vie antérieure.

Il y a certainement, dans cette idée superstitieuse, la meilleure explication de cette
étrange coutume.

A chaque réponse que faisait le guerrier béninien à nos demandes, un signe d'acquiescement
d'Ourano me montrait que les croyances du
noir étaient bien celles qui étaient admises dans
le pays.

Je ne soulèverai pas la question de savoir
si Aroué, les otobis, les loloucs ne valent pas
les Brahma, Jupiter, Jéhovah et tout leur cortège de demi-dieux, de démons et d'archanges,
car pour moi les superstitions religieuses sont

toutes aussi ridicules les unes que les autres ; mais ce que j'affirmerai avec la foi scientifique que donne l'expérimention et les études faites sur les lieux mêmes : *Il n'y a pas, il n'y a jamais eu de nations fétichistes.*

Il n'y a pas une seule peuplade du Centre-Afrique qui adore des morceaux de pierre ou de bois ; ces objets, si rudimentaires qu'ils soient comme sculpture, représentent des forces supérieures, des divinités, et dès lors il n'y a plus de fétichisme, dans le sens véritable de ce mot...

Si, par fétichisme, vous entendez des croyances grossières, oh ! alors, nous allons être vite d'accord. Il n'y a plus que du fétichisme sur la terre, car toutes théories religieuses hurlent avec le sens commun... J'ai vu de francs sauvages se tenir les côtes de rire, quand on leur racontait que le dieu des blancs était venu sur la terre dans le sein d'une femme et qu'on l'avait crucifié entre deux voleurs.... Et je n'ai jamais su comment m'y prendre pour prouver à ces sauvages-là qu'ils avaient tort de rire.

Comme ils nous appelleraient *fétichistes,* eux aussi, si les expressions scientifiques toutes faites, dont se servent les voyageurs officiels, avaient cours dans leur langue !...

Toute la science de certains anthropologistes se résume à ceci.

Vous rencontrez une Vénus sculptée par Phidias, cette déesse appartient au polythéisme grec.

Vous leur montrez un soliveau mal équarri qui représente le dieu Thi, qui avale la lune chez les Océaniens :

— Cette idole, vous disent-ils d'un ton suffisant, appartient au fétichisme polynésien.

Eh ! braves gens, croyez-vous donc plus à Vénus et à ses illustres incartades qui feraient enfermer ses imitatrices à Saint-Lazare, qu'à ce brave dieu Thi, qui passe son temps à avaler et à désavaler un astre, occupation qui n'a rien de contagieux...... Non, n'est-ce pas ? Rayez donc alors le mot *fétichisme* de votre dictionnaire, ou bien déclarons ensemble que l'humanité est la même partout, et qu'elle est aussi ridicule en Occident de peupler les plaines célestes d'anges, d'archanges, de démons, de saints et d'esprits de toutes sortes, qu'elle l'est sous les tropiques, quand elle remplace tous ces gens-là par les Aroués, les loloucs et les otobis.... Pas de fétichistes, ou tous fétichistes !

Est-ce que vous croyez que l'imbécile qui se trempe dans l'eau des pieux négociants de la Salette et de Lourdes n'est pas aussi fétichiste que le noir qui se frotte de jus d'herbes consacré par les gangas, à leurs dieux, pour se guérir de la fièvre... Et celui qui croit au *diable,* en quoi est-il plus civilisé, plus sain d'esprit, que celui qui croit au *lolouc?*

Partout l'humanité est aux mains d'une troupe de parasites et de fainéants, qui l'exploitent à l'aide des mêmes mystères et des mêmes mensonges... Passons !

Au Bénin, les prêtres sont divisés en deux catégories bien distinctes. Ceux de la première habitent dans les grandes cases qui servent de temples et où sont placées toutes les statues des dieux ; ils reçoivent constamment, grâce aux illustres voisins qui les entourent, l'inspiration céleste et transmettent au dehors les oracles rendus par les génies supérieurs qui président aux destinées du pays.

Dans ces temples, les dieux ne s'abaissent jamais à parler pour la vile canaille ; les rois, les obis, les chefs, les commandants des gardes et des armées, les ministres et leur parenté, ont seuls le droit de demander aux gangas de première classe, de leur faire connaître la volonté des dieux. Et au Bénin comme en Europe, le dieu se tait, si la quantité de poudre d'or et d'esclaves offerte ne lui paraît pas suffisante. Ainsi, le roi ne peut guère faire parler l'oracle, à moins d'une livre d'or ; les obas ses tri-

butaires sont taxés à dix onces, les chefs à huit,
les ministres à cinq, et tous les autres personnages à trois.

Les cases des divinités jouissent du droit
d'asile pour les condamnés et les esclaves qui
s'y réfugient ; le même usage existait autrefois
pour nos églises d'Europe, mais les prêtres du
bassin du Formose rendraient des points aux
nôtres sur ce chapitre ; le droit d'asile est une
de leurs plus belles sources de revenus. Le maître de l'esclave, et ceux qui ont eu à souffrir du
crime commis par le condamné, peuvent racheter le droit d'asile, et les gangas leur livrent
alors le malheureux qui s'est fié à eux et à la
protection des dieux. A chacun son tour, nos
gangas à nous ont barre sur ceux du Bénin dans
l'art d'exploiter le mort. Quand un de nos parents s'en va dans un monde meilleur, il faut
avoir le cœur bien dur pour ne pas allonger
quelques pièces de cent sous, moyennant quoi
le ganga de votre paroisse le tire bel et bien du
purgatoire. Dès qu'un homme, au contraire, est
décédé au Bénin, le ganga ne s'occupe plus de
lui, il n'a pas trouvé le moyen de le poursui-
vre jusque dans l'autre monde pour s'en faire
des rentes.

Les prêtres de seconde catégorie vivent mê-
lés aux peuples, dirigent leurs cérémonies et

4

fêtes de famille, et ont le monopole de la fabrication des gris-gris, des amulettes et autres objets sacrés qu'ils vendent au menu fretin ; c'est leur seul revenu à eux, car ils n'ont pas part aux riches offrandes qui sont l'apanage exclusif des gangas de l'ordre supérieur.

Ils mêlent la mendicité à ce pieux tripotage et somme toute finissent par tirer leur épingle du jeu aussi bien que les autres, et à vivre dans cette douce et benoîte oisiveté qui distingue les oints du Seigneur sur tous les points de notre machine ronde.

J'obtins aussi d'Ourano quelques renseignements sur le droit coutumier de son pays ; je les donne tels quels, n'ayant pu, en cinq ou six jours de marches forcées, les contrôler par mes propres observations. Cependant je suis assez disposé à les croire dignes de foi, le fils du vieil Arobo n'ayant aucun motif de m'induire en erreur.

Quand le Béninien veut se choisir une femme, il fait à la famille un cadeau qui représente la valeur de sa future épouse ; c'est un véritable achat, car s'il s'en dégoûte, ou s'il n'en a pas d'enfants, il a le droit de la vendre, après en avoir au préalable averti la famille qui peut la racheter de préférence à tout autre.

En cas d'infidélité, il peut la tuer, mais si ses

proches lui offrent la somme fixée pour le rachat, il est obligé de la leur rendre.

La femme ainsi rachetée ne peut plus se remarier. Si le mari s'absente pendant trois ans, sans donner de ses nouvelles, sa femme peut convoler à de secondes noces, et, chose bizarre! si son premier mari revient, elle reste la propriété du second, mais tous leurs biens et tous les enfants nés et à naître appartiennent au premier, sous la dépendance duquel le père et la mère vivent, du reste, dans un état mixte qui n'est ni l'esclavage ni la liberté.

Ainsi le premier mari ne peut pas les vendre comme esclaves car ils sont de race libre, mais il peut les mettre en gage, louer leur travail, en user comme de sa chose. A sa mort, en quelque main qu'ils soient, ils recouvrent leur liberté quand bien même ils auraient été donnés au roi ou voués aux temples en garantie d'une dette.

Le meurtre de sa femme ou de son enfant est puni de mort : la puissance du père de famille s'arrête à la vie des siens, sage coutume qui n'existe nulle autre part qu'au Bénin dans cette partie de l'Afrique ! Du moins ne l'ai-je pas rencontrée chez les différentes peuplades que j'ai visitées. L'ancien droit de Rome, plus barbare que le droit de ces sauvages, n'avait pas admis

cette distinction le *pater familias,* avait droit
de vie et de mort sur tous les siens.

Quiconque est accusé d'être possédé du Lolouc ou démon périt au milieu des plus affreuses tortures.

De même si on le soupçonne d'avoir attiré le
diable sur son voisin par des incantations magiques ou autres maléfices.

L'esclave, las de la vie, a le droit d'exiger de
son maître qu'il soit mis à mort par la main du
ganga, dans un sacrifice.

Il a également la faculté de changer de maître. Tout homme libre qu'il somme par ces paroles : « Que tu meures sans sépulture si tu ne
me prends pas à ton service ! » doit rembourser
la valeur de cet esclave à son maître et l'amener dans sa demeure.

Lorsque Obi-Ourano me cita cette coutume,
qui, j'ai pu m'en assurer, existe dans tout le
bassin du Niger inférieur, je compris que c'é-
tait un moyen d'adoucir la situation de l'esclave, moyen énergique même, puisque l'esclave pouvait changer de maître chaque fois
qu'il n'était pas satisfait de sa situation ; mais,
je fus profondément étonné de la rencontrer
comme un frein salutaire au milieu des cruelles institutions de ces peuples. Qui donc, au
sein de cette barbarie féodale, avait eu assez

de force, assez de prestige pour imposer une pareille loi ?... Quel était le sage, le philanthrope noir qui avait si fortement marqué son passage sur cette terre d'Afrique où ruisselle le sang des victimes ?... Je me souviens, c'était un soir, la veille du jour où nous allions franchir la limite qui sépare le Bénin du mystérieux pays des Yébous ; assis à l'ombre bienfaisante d'un gigantesque banian, Ourano venait de me donner ces intéressants détails sur les mœurs de sa terre natale ; je rêvais l'œil perdu dans l'horizon brumeux : il me sembla, remontant aux origines du monde, voir défiler devant moi les rares figures des quelques bienfaiteurs que compte l'humanité, et je regrettai de ne pas connaître le nom de ce noir à qui sa race doit peut-être la seule bonne loi qu'elle possède.

Sans la superstition religieuse, qui pousse les esclaves à se dévouer pour les sacrifices, dans l'espoir d'améliorer leur condition dans une seconde existence, la coutume que je viens de rapporter adoucirait à ce point les mœurs, que l'esclavage, base de la constitution sociale de cette partie de l'Afrique, finirait par disparaître...

Le meurtre de son égal, entre hommes libres, est puni de mort ; le meurtrier a le choix ou de se livrer à la famille de celui qu'il a tué, ou de se donner la mort lui-même.

4.

Le meurtre d'un inférieur est frappé d'une amende de sept ou onze esclaves selon les cas, au profit de la famille.

Le meurtre d'un esclave par son maître n'est pas puni.

Le meurtre de l'esclave d'autrui oblige à en payer la valeur.

L'esclave d'un pays étranger, qui se réfugie au Bénin, acquiert la qualité d'homme libre.

S'il appartient à une nation alliée, il est rendu à son maître.

Tout individu qui vole le roi est puni de la castration.

Tout individu de race inférieure qui a commerce avec une fille ou femme de sang royal est également puni de la castration.

Tout individu qui est surpris en adultère, avec la femme de celui qui a subi la castration, est puni de mort.

La lâcheté, en temps de guerre, est punie de la même peine.

Si un membre de la famille royale a mérité la mort, on ne l'exécute pas comme les autres, car il est défendu de verser son sang ; mais on le livre à un des officiers de la garde du roi, qui, après lui avoir lié les bras et les jambes, s'en va le noyer dans la rivière.

L'intérêt de l'argent est de vingt-cinq pour

cent par mois, à moins qu'il ne soit stipulé par
le prêteur qu'il laisse son argent sans intérêt.

Ce taux exorbitant, d'après ce que m'explique Ourano, n'existe que pour le commerce, et
en raison des énormes bénéfices que retirent
ceux qui s'y livrent. En effet les marchandises européennes apportées de la côte prennent
dix fois leur valeur dès qu'elles sont arrivées
dans les villes de l'intérieur.

Si le débiteur ne peut rembourser son créancier, il devient son esclave jusqu'à ce qu'il se
soit acquitté par le travail.

Le roi est propriétaire de tout le sol, et les
habitants n'en sont que les usufruitiers.

Les familles vivent en communauté de biens
et la mort de l'auteur commun n'amène aucun
partage.

Lorsque les membres d'une même famille
deviennent trop nombreux, alors seulement
les biens se partagent par moitié ou par tiers,
et la communauté se divise en deux ou trois
tronçons, mais il faut pour cela une autorisation du roi.

L'oba seul peut vendre des terres aux étrangers.

Dans les procès civils ou criminels, la preuve
par le jugement de Dieu est ordonnée chaque
fois qu'une des parties en fait la demande ; je me

sers ici de cette expression *jugement de Dieu* parce qu'elle rend exactement le sens de cet usage, et que, comme on va le voir, cette preuve a aussi existé dans notre ancien droit coutumier. Ce rapprochement, qui peut paraître étrange, n'étonnera aucun voyageur ; pour ma part, j'ai rencontré cette coutume en Abyssinie, chez les indigènes du Congo, et dans le droit ancien de toutes les populations de l'Asie.

Voici comment cette preuve s'administre au Bénin.

Lorsqu'un individu excipe d'un engagement qui n'a pas eu de témoin et que son adversaire le nie, il lui défère l'*ordenti*. Si ce dernier refuse de s'y soumettre, il est condamné à payer ce qui lui est réclamé. S'il accepte, on procède de la manière suivante :

Au jour convenu, le ganga apporte deux coupes de poison ; les deux adversaires boivent chacun la leur ; celui qui meurt est condamné et sa famille acquitte la dette.

On conçoit qu'il est avec les gangas des accommodements, et généralement celui qui meurt est le pauvre diable qui n'a pas su, par un riche présent, s'attirer la faveur du sorcier.

S'il s'agit d'un procès criminel, les choses se passent exactement de la même manière entre l'accusateur et l'accusé.

J'aurai l'occasion plus tard d'indiquer *de visu*
la composition de ce poison, qui est bien la
chose la plus épouvantable que l'on puisse imaginer.

Voilà à peu près tout ce que mes longues
conversations avec notre ami Ourano ont pu
m'apprendre sur les mœurs si curieuses et si
peu connues du Bénin. A partir de maintenant,
je vais revenir à mon rôle de voyageur, et faire
assister le lecteur à la partie la plus pittoresque et la plus émouvante de notre longue excursion.

Les cinq jours que nous mîmes à traverser
la partie du Bénin qui nous séparait du Yébou
s'écoulèrent sans grand incident. Chaque soir
nous campions dans un village et repartions le
lendemain au lever du soleil. Fort heureusement, les chefs que nous rencontrâmes n'é-
taient point de la parenté d'Arobo, et quoique
parfaitement reçus par eux, ils nous firent
grâce de tous ces écœurants sacrifices humains
auxquels nous n'avions pu nous soustraire à
Ouéni et au village d'Akou.

On conçoit qu'une pareille façon de voyager
n'était guère favorable à l'étude. Aussi chaque
jour la pensée de quitter la caravane prenait-elle
de plus fortes racines dans mon esprit. Nous
séjournions deux heures là où quatre ou cinq

jours eussent été nécessaires, l'intérêt de l'observation, des recherches ethnographiques de toutes espèces, et des études sur la flore et la faune si curieuses de ces contrées encore imparfaitement connues, était sacrifié à l'intérêt du négoce... et cela ne faisait pas mon affaire. La caravane, je le comprenais parfaitement, ne pouvait pas se soumettre à mes désirs, mais rien ne s'opposait à ce que je lui laisse prendre les devants ; le tout était de savoir si le capitaine consentirait à cette séparation. Je résolus de m'en ouvrir à lui le soir même.

Nous atteignîmes, au coucher du soleil, le village d'Imbodou, notre dernière étape sur le territoire du Bénin. Il y avait en ce moment une grande foire qui devait durer huit jours, et les rues étaient envahies par des vendeurs de toutes espèces offrant leurs marchandises sous de grands parasols carrés. La situation frontière de ce village en faisait le centre de tous les produits du Bénin et du Yebou.

Je me hâtai d'aller faire un tour de promenade avec Lucius, au milieu des marchands, et nous vîmes étalés pêle-mêle les objets les plus divers : du bœuf et du mouton coupés en petits carrés et prêts à être frits ; du sanglier, du daim, des volailles, des faisans, des pintades, de la chair de singe dont les gens du Yébou

sont très friands, des ignames, des bananes, des
menus grains, millet, sorgho, maïs et autres,
des cannes à sucre, du poivre, du beurre vé-
gétal, des oranges, des ananas, des figues, du
poisson sec, salé ou fumé, de gros escargots
fumés, du vin de palmier, du jus d'orange fermenté, du rhum, des pipes, du tabac, des verro-
teries, des miroirs, des sandales, des pagnes en
étoffe du pays, des nattes, des pièces de soie
et de coton, des armes en très petites quantités,
à peine quelques vieux fusils à un coup, de la
poudre, des calebasses, des vases de cuivre, des
terres cuites, de grandes quantités de toiles communes dites de Guinée, fabriquées au Yébou.
Un peu en dehors du village se trouvaient beaucoup de bestiaux de différentes espèces venus
du même pays. Les chevaux étaient en très petite quantité et fort peu estimés dans le pays,
d'après ce que nous apprit Ourano, qui ne nous
quittait plus et était devenu notre interprète ordinaire ; il est vrai que ces animaux ne payaient
guère de mine, petits avec une tête énorme, des
sabots difformes à force d'être développés, ils
ne réalisaient en rien l'idée que l'on se fait ordinairement de ce noble serviteur. Cependant
l'obi daigna leur reconnaître une foule de bonnes qualités, telles que la douceur, la sobriété,
une grande intelligence, beaucoup d'attache-

ment pour le maître et une sûreté de jambes à
toute épreuve ; en cinq minutes le pauvre animal si dédaigné dans ce pays avait à ce point
grandi à mes yeux, que je chargeai Ourano de
m'en acheter deux, un pour Lucius et l'autre
pour moi. Que nous suivions la caravane ou
que nous nous séparions d'elle pendant quelque temps, ces patientes et infatigables mon-
tures ne pouvaient que nous être d'une grande
utilité, et dans le cas où je pourrais mettre à
exécution mes projets, les services qu'ils nous
rendraient seraient beaucoup plus importants
encore. Le prix qu'on nous demanda des deux
qui nous parurent les plus forts et les plus beaux
fut tellement minime, deux *hégouékouas*, environ quarante francs, que je payai sans mar-
chander, malgré l'obi qui prétendait que c'était
surfait de moitié.

Il y a dans la vie du voyageur des hasards
bien singuliers : le soir où j'avais cette bonne
pensée-là, je ne me doutais pas que ces deux
bêtes qui payaient si peu de mine devaient nous
sauver la vie dans le Borghou, et que grâce à
eux nous reverrions la France, alors que les
deux tiers de nos compagnons allaient laisser
leurs os dans ces contrées inhospitalières.

Nos deux bêtes, de couleur fort brune, étaient
absolument pareilles; une d'elles seulement por-

tait une petite larme blanche au front. Je la
choisis pour mon usage, et lui donnai le nom de
Kadour, nom d'un petit cheval arabe que j'avais
monté dans mon enfance et que j'aimais beaucoup.

— A vous de baptiser le vôtre, dis-je à Lucius.

— Soit ! me répondit-il en souriant, et pour
conserver la couleur locale, je vais l'appeler
Kaïd.

Kadour et Kaïd nous furent livrés séance tenante, avec leur selle en peau de léopard, le
mors et les accessoires, et les larges étriers du
pays, que j'eus, on le conçoit, à payer à part ;
mais il ne me parut pas que j'étais trop écorché,
bien que le tout dépassât la valeur de chaque
cheval. Cela nous remit en mémoire ces fameu-
ses sauces de la haute cuisine, dont la valeur est
supérieure à celle du poisson. Lucius qui était
fort gai, m'en fit en riant la remarque, et nous
reprîmes le chemin du campement avec nos
deux nouveaux compagnons, qui allaient avant
peu devenir nos amis.

En quittant leur maître indigène, dont ils n'a-
vaient reçu, à coup sûr, que de mauvais traite-
ments et maigre pitance, les deux pauvres bêtes renâclaient et poussaient à leur manière des
soupirs tout chargés de tristesse ; ils ne nous

suivaient qu'à regret, tournant constamment la
tête pour regarder en arrière, et cette vue nous
fit bien augurer de notre nouvelle acquisition.
Adams fut très occupé pendant toute la soirée,
et je renvoyai au jour suivant l'intéressante
conversation que je désirais avoir avec lui.

Contre mon attente, nous stationnâmes vingt-
quatre heures à Imbodou; la foule de marchands de tous pays, attirés par la foire, avaient
appris que le capitaine transportait des armes
extraordinaires et ils l'accablaient de suppli-
cations pour qu'il consentît à leur en vendre.
Adams fut inébranlable : il avait promis à l'oba
d'Ouéni de ne pas échanger un seul révolver
sur le territoire béninien et il voulait exécuter
strictement son engagement. Il était cependant
bien dur pour lui de perdre une aussi belle occasion de se débarrasser d'une certaine quantité
de ses marchandises; l'or et l'ivoire, les deux
seuls produits qu'il acceptât, abondaient sur le
marché d'Imbodou... Il s'en tira en véritable
Américain.

En donnant à la caravane un jour de station
il avait, comme on va le voir, un but très intelligent. Le Yankee, c'est la réclame faite homme,
le nôtre imagina de faire promener ses matelots par toute la foire avec des carabines à répétition et des révolvers, en leur donnant comme

consigne d'essayer leurs armes chaque fois
qu'on leur en ferait la demande ; l'enthousiasme
des noirs ne connut plus de bornes, en voyant
ces nattés-nattés qui tiraient constamment sans
qu'on eut besoin de les recharger.

Adams fit alors annoncer partout que le lendemain il passerait la frontière et que dès qu'il
serait sur le territoire yébou, il commencerait
les échanges. Ce jour-là vit les opérations les
plus actives de la foire, chacun cherchait à se
débarrasser au plus vite de ses denrées pour
pouvoir acquérir une de ces armes merveilleuses.

Cette journée fut employée par moi à augmenter la moisson de mes richesses naturelles.
Sans m'écarter beaucoup d'Imbodou, je rencontrai sur les bords d'un petit ruisseau qui
coulait sous bois et allait se perdre sous les
buissons de lianes, de cactus et d'arbrisseaux
d'une épaisse forêt, le *stachygynandrum scan-
dens,* charmant lycopode qui s'enroule autour
des plus gros arbres sans jamais s'élever à une
hauteur de plus d'un mètre cinquante à deux
mètres ; le *struchium africanum,* que j'ai vu
souvent employer par les indigènes pour panser
leurs blessures ; pour cela ils réduisent en pâte
feuilles et tiges entre deux pierres, délayant le
tout dans un peu d'huile de palme et l'appliquent

sur la plaie ; l'*ormocarpum verrucosum,* arbuste
de la famille des légumineux dont le fruit est
fortement articulé et chargé de petites verrues.

A l'entrée de la forêt se trouvait un petit
bouquet d'arbres, de grandeur moyenne, que je
reconnus à la forme des petales extérieures
très-longs et élégament ondulés à leur marge
pour des *xilopia undulata* de la famille des
anones.

Ce genre d'arbres ne croît qu'à soixante à
quatre-vingts lieues de la mer; l'intérieur
du Yébou en est couvert, des indigènes se
servent de ses fruits comme d'épices, la saveur
en est très agréable, et souvent ils les mâchent
sans les mélanger aux aliments, pour donner
un stimulant agréable à leur palais.

Cet épice, plus doux, plus parfumé que ceux
d'Asie, prendrait aisément sa place sur les tables
d'Europe et pourrait devenir une branche importante du commerce de ces contrées.

Je récoltai en outre plusieurs variétés d'*as-
pides,* sortes de fougères remarquables par
l'originalité de leur feuillage. Tout à coup, en
écartant les branches d'un jeune papayer, je
restai interdit, tremblant d'émotion... ne me
trompais-je pas? J'avais sous les yeux un magnifique *chrysanthème* d'une espèce non décrite... Il ne fallait pas commettre d'erreur, je

m'agenouillai pieusement dans l'herbe, et je
contemplai la magnifique fleur, sans contredit
la reine de tous les chrysanthèmes du monde...
et je murmurai en l'examinant, *genre* de la famille des *composées*, tribu des *sénécionidées-
anthémidées*. Tiges nombreuses eté lancées, avec
des feuilles découpées d'un vert très sombre,
et couronnées de grandes fleurs doubles d'un
rouge velouté, dont les fleurons dentés, tuyautés
en forme demi sphérique, et longs de cinq centimètres, sont bordés de blanc et mouchetés de
même nuance, comme la robe d'un bengali, et
partout d'un disque velouté, blanc marbré de
rouge. Non, cette incomparable fleur n'a pas
été décrite. J'ai le droit, le premier, de lui donner un nom, et unissant un cher souvenir au lieu
où je venais de la trouver, j'appelai cette belle
fleur *Margarita regina, Beniniana* (Marguerite
reine du Bénin). Je terminai ma récolte sur
cette merveilleuse rencontre.

On peut se figurer sans peine combien doit
être riche la flore d'un pays entrecoupé de
plaines et de coteaux humides, où le soleil lance
toute l'année ses feux verticaux, et où une
température variée, déterminée par des niveaux
différents, offre de fréquents contrastes.

Malheureusement la botanique n'a pas encore
interrogé d'une façon complète le bassin du

Formose, et ne sait presque rien du Yébou, du Yarribah, du Borghou et du bassin inférieur du Niger. Comme dans tous les pays situés sous la zone torride, la présence de l'eau appelle toutes les richesses d'une végétation vigoureuse; les plaines, arrosées par une foule de petits cours d'eau indépendants, par des lacs et de nombreux affluents du Niger et du Formose, offrent à côté d'immenses forêts de vastes surfaces cultivées, entrecoupées de massifs rapprochés d'arbres touffus dont les formes variées attestent la puissance de végétation de ces climats des tropiques.

Le gigantesque baobab, dont le tronc a quelquefois quatre-vingts pieds de tour, étend au loin ses myriades de branches garnies de feuilles d'un vert éclatant, et ses derniers rameaux retombant vers la terre où ils prennent racines, forment des berceaux de verdure qui, dans leur ensemble, représentent plutôt une forêt qu'un seul arbre. Le tamarinier, qui se plaît au bord des torrents, semble choisir pour les protéger de son ombre bienfaisante les sites les plus pittoresques; des sycomores au sombre feuillage, des dattiers de haute venue, des flamboyants aux fleurs plus rouges que le plus beau corail, les mimosas gommeux, le ouansey dont les fleurs blanches s'ouvrent toutes à la fois, semblables à une neige nouvelle, toutes ces riches productions s'élèvent par bouquets au milieu d'élégants arbustes et de fleurs odoriférantes dont les plaines humides sont entièrement tapissées, tandis que des plantes grimpantes, la liane flexible, la vigne toute chargée de petites grappes noires, courent d'arbre en arbre, suspendues en festons comme pour un jour de fête.

A l'ombre de ces immenses dais de verdure, des milliers d'oiseaux, de singes de différentes espèces, et par leurs chants joyeux et leurs mouvements agiles, égaient la solitude des forêts séculaires. Dans les régions plus montagneuses, nous avions rencontré l'olivier sauvage, le tulipier et des forêts de cèdres élevés, servant d'asile aux lions, aux lynx, aux léopards, aux tigres, aux panthères et à tous ces grands félins dont l'Afrique semble être la patrie d'origine.

Sur les bords des étangs ou des rivières, les cannes, les bambous, le rotin, le papyrus élancé dont la tête est couronnée d'un gracieux panache, baignent leur pied dans l'eau limpide ; mais leurs tiges élégantes et frêles sont souvent brisées par le passage du rhinocéros ou du pesant hippopotame, si abondants dans ces contrées.

Pendant nos cinq jours de marche d'Akou à

Imbodou, nous avions rencontré çà et là des parties plus arides ; la végétation n'y était représentée que par des cactus, des euphorbes, des palmiers nains qui poussaient sur des terres rougeâtres qui n'étaient stériles que par le manque d'eau. Nous y vîmes un soir un troupeau d'antilopes chassés par des hyènes et des chacals.

Mais ces lieux désolés n'étaient que des bandes de quelques kilomètres, et nous retrouvions vite les grandes et fraîches végétations.

Mais, hélas ! ces merveilleuses contrées sont presque mortelles pour les Européens, une fièvre terrible qui brûle le sang, dessèche la peau allanguit la pensée et finit par tuer toute volonté, toute énergie, règne en maîtresse au milieu de cette admirable nature, et force le voyageur, le colon, le traitant, au bout de quelque temps de séjour, à fuir ces lieux empestés, bien heureux quand les germes de mort ne les suivent pas jusque sur une terre plus clémente.

On aura beau faire, et n'en déplaise à tous les esprits aventureux qui voient déjà de nombreux comptoirs reliant la Nigritie à nos possessions du Sénégal, et exploitant toutes les inépuisables richesses de ces contrées, il est impossible à la race blanche de vivre dans les bassins du Formose et du Niger, dans les conditions climatériques actuelles. L'œuvre de la colonisation ne peut pas commencer encore ; laissez la nature faire la sienne, il y a une heure dans l'avenir où, par l'action lente et naturelle de la terre se transformant graduellement, il sera possible aux Européens de venir s'établir dans ces contrées. Les marécages se seront asséchés d'eux-mêmes, la fièvre les suivra dans leur retraite, et l'on pourra y tenter la fortune sans donner sa vie comme enjeu ; sans doute cela pourrait se faire aujourd'hui, mais il faudrait à coups de millions devancer l'œuvre de la nature, couvrir le pays de routes et de chemins de fer.

Pour le moment, il n'y a de possible que des excursions rapides, comme celle dont je raconte les péripéties en ce moment, bien que son résultat final, comme on le verra par la suite, ne soit pas fait pour en encourager de nouvelles ; mais surtout des établissements sur la côte, dont le personnel puisse se renouveler facilement, et regagner l'Europe à la première atteinte de maladie sur les paquebots qui sillonnent aujourd'hui toute la côte, de Sierra-Leone au Gabon....

Après une heure ou deux passées en promenades et en recherches, heureux de la décou-

5.

verte que j'avais faite d'une splendide fleur non encore classée, je m'étais assis sur un tronc d'arbre, dont la tige fraîchement coupée avait dû servir à la fabrication d'une pirogue, me laissant aller à mes réflexions sur l'avenir de cette contrée, quand elle pourrait être livrée à l'activité humaine, quand tout à coup je fus tiré de l'espèce de somnolence rêveuse dans laquelle j'étais plongé, par un bruit singulier qui se fit entendre subitement à ma droite.

J'avais trop l'habitude des pays équatoriaux pour ne pas observer avant d'agir ; quand vous êtes au repos, un écart, un mouvement brusque, peut souvent faire fondre sur vous une panthère, un chat-tigre ou tout autre fauve qui sans cela eût passé tranquillement son chemin sans faire attention à vous.

La règle est donc, à moins d'attaque immédiate, de reconnaître toujours le danger avant de prendre un parti.

Le bruit continuant, je tournai lentement la tête, et je plongeai mon regard dans le fourré d'où il paraissait venir, sans changer de position. Ma ceinture était toujours garnie de deux révolvers et d'un couteau de chasse, à la lame large, à double tranchant, courte mais solide ; quant à ma carabine à balles explosibles, je l'avais toujours en main, et ne la quittais même pas pour dormir.

Je ne vis rien tout d'abord, les lianes et les plantes grimpantes formant en cet endroit un épais rideau ; je pus cependent me rendre compte, au mouvement des branches et des hautes herbes, de la direction de l'être, homme ou bête, qui était venu me troubler dans ma rêverie et je vis qu'il suivait une ligne presque perpendiculaire au tronc de l'arbre sur lequel j'étais assis.

Il n'y avait pas à hésiter, il fallait me mettre à couvert, je n'avais que l'embarras du moyen au milieu de cette luxuriante végétation, mais il fallait choisir vite. A deux pas de moi, en dehors de l'espèce de clairière où coulait le ruisseau que j'avais remonté depuis mon départ du campement, se trouvait un jeune figuier entouré de lianes et de buissons : je me plaçai derrière, un genou en terre pour m'effacer complètement, et le doigt sur la détente de ma carabine.

L'herbe verte avait amorti mes mouvements et les arbustes continuaient à s'agiter devant moi ; j'avais à peine eu le temps de bien m'asseoir dans la position que je m'étais choisie, que j'aperçus la tête d'un monstrueux caïman émerger des hautes herbes, et puis peu à peu, lentement, tout le corps suivit, l'horrible bête était en promenade sans doute car elle en prenait à son aise.

Je sentis, à cette vue, le sang m'affluer aux tempes ; pendant quelques secondes les oreilles me bourdonnèrent à tout rompre, malgré l'habitude que j'avais contractée du danger et l'espèce de *garde à vous* constant dans lequel on vit sous ces latitudes. L'apparition était trop brusque, trop inattendue surtout, pour qu'il me fût possible de maîtriser un premier moment d'émotion, qui, du reste, comme chez tous les sanguins, ne m'enleva pas le sang-froid.

En moins de rien il n'y parut plus, ou plutôt l'esprit de conservation, plus fort que tout, domina complètement mes sensations, et je restai à mon poste, immobile et le regard fixé sur l'animal, que le plus petit mouvement, le moindre bruit, pouvait attirer sur moi.

Le caïman n'a pas d'odorat, mais en revanche son oreille est assez subtile, sans que cependant la faculté de l'ouïe soit exceptionnellement développée chez lui ; je ne pouvais donc être découvert que par ma propre imprudence, en me montrant hors de propos, ou par hasard si l'animal venait à se diriger vers moi ; mais cette seconde hypothèse était peu probable ; le ruisseau qui coulait devant allait se per-

dre plus haut dans un marécage où j'avais récolté le matin des *nymphea cærulea* et tout me
portait à croire que le caïman, qui peut-être y
avait établi sa demeure, rentrait paisiblement
chez lui.

Avec de pareils animaux, il n'y a pas à faire
le brave, la carapace dont ils sont revêtus est
absolument à l'épreuve de la balle, et ils ne
sont vulnérables que sous le ventre et dans
l'œil.

D'un autre côté la fuite m'était absolument
impossible, puisque mon dangereux ennemi re-
montait précisément le long du ruisseau, c'est-
à-dire par le seul côté de la forêt qui ne fût pas
envahi par les broussailles et les lianes épineuses qui, entrelacées aux troncs et aux branches des arbres de toute taille et de toute gros-
seur, forment la plus impénétrable de toutes les
barrières.

Je n'avais donc qu'à compter sur ma bonne
étoile pour ne pas être aperçu, car le caïman
de ces contrées attaque toujours l'homme, s'il
le rencontre si près de lui.

Quand le terrible saurien avait quitté la jungle, il était à peine à trente mètres de moi et le
temps relativement court que j'avais mis à exa-
miner ma position ne l'avait pas sensiblement
rapproché de ma cachette. On voyait qu'il était

dans son domaine ; tantôt il s'arrêtait pour faire claquer ses puissantes mâchoires, tantôt il se frottait le ventre sur l'herbe, par un mouvement de va-et-vient sur ses pattes de devant, des plus singuliers. En tout autre moment, et bien à l'abri de son attaque, j'aurais pris un vrai plaisir à le contempler dans ses ébats ; il se remit cependant en route, sans hâter sa marche, et chaque seconde qui s'écoulait diminuait la distance qui me séparait de lui. Il se passa alors une chose étrange, qui m'est invariablement arrivée chaque fois que, dans mes voyages, je me suis trouvé en danger de mort ; on eût dit que mon intelligence se dédoublait. En même temps que je ne perdis de vue aucun des mouvements de mon adversaire, je revis en quelques instants tous les événements les plus importants de ma vie se dérouler dans ma mémoire, et je sentis comme un regret poignant, non de quitter la vie si je venais à succomber, mais de la douleur qui allait briser le cœur des êtres bien chers que j'avais laissés en France ; une partie de mon cerveau rêvait au passé, à la famille, à la patrie, s'attendrissait par le souvenir ; l'autre, énergique et ferme, suivait tous les mouvements du dangereux adversaire qui s'avançait.

Arrivé à une douzaine de mètres du lieu où

je me trouvais, le caïman s'arrêta court, la pensée qu'il pouvait m'avoir découvert se présenta à moi avec la rapidité de l'éclair : il n'en était rien, et j'assistai à la répétition des mêmes exercices. Évidemment, il était bien repu, et n'avait nulle hâte de regagner le coin du marécage où il avait élu domicile. Le point de mire de ma carabine ne quittait pas son œil, le seul endroit où de la position prise par moi, j'avais quelque chance de faire pénétrer une balle, si d'aventure il venait à m'apercevoir.

La situation était des plus embarrassantes, car l'animal était si près de moi que j'étais obligé de retenir mon souffle ; d'un autre côté, il n'aurait pas fallu être chasseur pour ne pas être tenté d'envoyer une balle dans l'œil de la bête, que je tenais toujours au bout de mon arme. Vingt fois je fus sur le point de presser la détente, afin de me soustraire à cette espèce de fascination de tir que connaissent tous les chasseurs à l'affût : vingt fois la prudence eut le dessus.

Cependant je ne pus résister jusqu'à la fin ; à un moment, donné un petit mouvement de côté lui plaça la tête presque en face de moi. Il se mit à se gratter le museau avec nonchalance, et termina le tout par un long bâillement... sa gueule n'était pas ouverte, que le bruit de mon

arme faisait résonner la forêt, la tentation avait
été trop forte pour que j'aie pu y échapper ; le
caïman en effet venait de me présenter sa partie
la plus vulnérable.

Laissant choir ma carabine sur l'herbe, je
m'étais trouvé debout le révolver à la main,
avec la vitesse de la pensée pendant deux ou
trois secondes, tout le temps que la fumée mit
à se dissiper. Je m'attendais à voir le monstre
se précipiter sur le figuier enfoui dans les lianes
qui me servait de rempart... Qu'on juge de ma
joie quand j'aperçus l'animal étendu tout de
son long à la place même où je l'avais tiré, ses
griffes puissantes labouraient la terre, et sa
queue fauchait l'herbe tout autour de lui, mais
ce fut comme une espèce de vision ; après ces
crispations suprêmes, le caïman resta immobile.

Je m'approchai de lui avec une certaine crainte,
car je savais combien il est difficile de donner
le coup mortel à ces animaux ; leur agonie dure
souvent plusieurs heures, pendant lesquelles il
est dangereux de se trouver à leur portée.

Mais le monstre n'était plus à craindre, la
balle explosible, en lui éclatant dans la gueule,
avait merveilleusement fait son office ; les deux
côtés de la mâchoire avaient été violemment
arrachés, la tête était complètement séparée du

tronc. Il mesurait onze mètres de long, c'était
un des plus forts que j'aie jamais vus.

Cet animal, très commun au Bénin, est la terreur de tous les riverains des cours d'eau. Il est
si vorace que, poussé par la faim, il attaque les
bestiaux qui viennent se désaltérer, il sort même
hors de l'eau et se jette sur les hommes qui
viennent à passer.

Il est surtout redoutable pour ceux qui péné-
trent dans le fleuve jusqu'à mi-corps pour prati-
quer les ablutions, ou faire leur provision d'eau ;
il guette sa proie et s'avançant lentement entre
deux eaux, il la renverse d'un coup de queue et
l'entraîne au loin sous les eaux.

Il y en a qui se sont tellement distingués par
leurs nombreuses captures, que leur repaire est
connu de tous les habitants à plusieurs lieues à
la ronde, et que chacun fait un grand détour
plutôt que de passer près des lieux qu'ils han-
tent ; ils reçoivent, à la terreur générale, les
noms *d'obi* (chef) ou de *lolouc* (diable).

D'un naturel sauvage et défiant, ce reptile est
très difficile à surprendre et ce n'est que le plus
grand des hasards qui a pu me procurer la dangereuse rencontre que je fis ce jour-là. J'ai souvent eu l'occasion, soit dans l'île de Ceylan,
soit sur les rives du Nil ou en Guinée, d'accompagner les indigènes à la chasse de ces animaux,

mais jamais je n'ai pu les approcher d'assez près pour pouvoir leur loger dans un endroit vulnérable une de mes balles explosibles.

Je brisai une des dents de celui que je venais de tuer pour la conserver en guise de trophée, et je rentrai à Imbodou.

J'eus à peine le temps de raconter mon exploit, qu'une foule de noirs s'élancèrent dans la direction de la forêt, pour aller dépecer mon caïman. En outre que les Béniniens sont très friands de sa chair, ils fabriquent des boucliers avec la peau du dos et des gaînes de poignard avec celle plus souple du ventre. Ils composent aussi des philtres et des remèdes contre la morsure des trigonocéphales avec un mélange du foie, du fiel et des os calcinés d'abord et pulvérisés ensuite.

Avec les dents, les gangas font des gris-gris qu'ils vendent fort cher.

En résumé, ma chasse était une bonne aubaine pour les pauvres diables qui étaient en train de s'en disputer les morceaux, .

J'avais gagné à cette course matinale un appétit formidable, et je me rendis sous la tente commune, où le déjeuner était déjà servi, j'avais ordonné moi-même le menu avant de partir, et je constatai que M. Jims s'était surpassé.

Quelques instants après, le capitaine arrivait

avec Lucius et le chef d'Imbodou. Il me fallut
recommencer le récit qu'Ourano avait déjà
traduit aux indigènes, et l'obi me répondit d'un
air grave, par le canal du même interprète,
qu'il était fort heureux que je m'en sois tiré
ainsi, le lieu où j'avais rencontré le caïman
étant infesté de ces animaux. On l'appelait
Loughan-Tinsah, le bois des caïmans. ,

Lucius fut très ému du danger que j'avais
couru, il me serra la main avec effusion en me
disant : — Une autre fois je ne vous laisserai
pas aller seul : deux carabines ne sont jamais
de trop dans ces occasions-là. Quant à Adams,
il se contenta de me dire avec son flegme tout
américain que ma manie *d'herboriste* tôt ou tard
me porterait malheur et que je finirais par me
faire manger par quelque tigre en regardant un
brin d'herbe.

Aujourd'hui que nous ne pensons plus guère
l'un et l'autre aux voyages aventureux, je suis
heureux de prouver à mon vieil ami que ses
pressentiments ne se sont pas réalisés.

A l'issue du déjeuner, nous fûmes visiter la
partie du champ de foire où se tenait le marché
aux esclaves. Je dois dire, pour rendre hom-
mage à la vérité, que je trouvai une troupe de
noirs riant, causant entre eux sans aucun de
ces sombres appareils, chaînes, carcans rivés

au cou, etc..., décrits par certains voyageurs ; je les interrogeai, tous avaient demandé à être vendus pour des raisons particulières, aussi sérieuses qu'auraient pu en donner des enfants.

L'un s'ennuyait dans le village où il servait depuis trop longtemps.

Un autre avait voulu changer de maître.

Un troisième voulait voir du pays.

Celui-ci avait beaucoup entendu parler de la foire d'Imbodou, et il avait désiré se procurer ce spectacle.

Celui-là avait suivi une femme qu'il aimait.

Il en est même un qui me dit qu'il était du Yébou et qu'il avait voulu goûter le couscous du Bénin.

Un beau jour le marchand d'esclaves avait passé dans le lieu où ils habitaient et ils avaient demandé à leurs maîtres à les quitter, et ces derniers les avaient échangés contre des marchandises ou d'autres objets de même valeur.

Avant de quitter ces pauvres gens, j'avisai un d'entre eux qui, assis dans un coin, ne semblait pas vouloir se mêler à la société des autres... Je lui fis demander par Ourano si c'était malgré lui qu'il se trouvait à Imbodou.

— Non, me répondit-il, mais ne vois-tu pas que je suis belé-belé (bossu), et je viens au

Bénin pour prier celui qui m'achètera de me livrer aux sacrifices pour la fête de l'igname, je renaîtrai dans le corps d'un homme qui ne portera pas une tortue sur son dos.

Et il se mit à rire avec indifférence en prononçant ces dernières paroles.

— De quel pays viens-tu ?

— Du Yébou.

— On n'offre donc pas de sacrifices humains dans cette contrée ?

—- On y offre beaucoup de sacrifices aux dieux et aux loloucs ; mais les gangas, pour ne pas irriter les esprits, ne veulent accepter que des hommes exempts de toute difformité.

— Et au Bénin ?

— Oh ! au Bénin, capitaine, je me suis renseigné : quand un esclave a demandé trois fois le sacrifice, on est obligé de faire couler son sang à la fête suivante.

Ainsi, ce n'était même pas pour devenir un homme libre, que le pauvre diable désirait la mort, mais bien pour conquérir un corps plus gracieux qui ne l'exposât pas aux éternelles moqueries de ses camarades.

J'ai dit plus haut que l'institution de l'esclavage était la base de l'état social de tout le centre de l'Afrique. Mais qu'on ne s'y trompe pas, ce n'est pas l'esclavage tel que nous l'avions organisé dans nos colonies ; c'est le servage tel que nous le possédions au moyen âge, sous le règne de la féodalité.

Il serait donc plus juste, au lieu de parler d'esclavage comme l'une des institutions africaines, de dire que l'Afrique, qui, comme tous les continents habités par les hommes, passera par toutes les étapes de l'enfance à la civilisation, en est en ce moment au régime féodal.

Eh bien, je soutiens que tous les prédicants hypocrites de la libre Angleterre ne feront pas plus franchir aux peuples d'Afrique, avant l'heure, les différents degrés qui les séparent de l'âge de la civilisation, qu'il ne seraient de taille à faire d'un enfant un homme sans qu'il ait passé par les périodes intermédiaires d'adolescence, de jeunesse et d'âge mûr.

Que vont-ils donc faire en Afrique, comme dans tous les pays primitifs?

Ils ouvrent des routes commerciales et, la Bible en main, font du négoce pour la société évangélique qui les a expédiés.

— Ce but est utile, me direz-vous.

Parfaitement, mais qu'on nous le dise, et qu'on ne jette pas aux yeux des badauds européens la poudre humanitaire fabriquée à Birmingham ou à Liverpool.

Cela n'a l'air de rien ! Eh bien ! c'est à l'aide

de ces cuistres en rabat qui fourmillent dans la
Grande-Bretagne, que l'Angleterre commence à
envahir sournoisement les contrées dont elle
s'emparera ensuite à la première occasion. C'est
par eux que cette immense pieuvre étend sur le
monde entier ses vastes tentacules qui sucent
partout les productions de la terre et le travail
des hommes.

Il n'y a pas un Anglais qui ne prononce avec
respect le mot de *Holy Bible,* qui ne soutienne
de ses deniers toutes les sociétés évangéliques
de missionnaires. Au fond il se moque de tout
cela, mais il le conserve précieusement comme
une force d'action qui sert admirablement la
politique de son pays, et prépare dans les pays
neufs le terrain où s'exercera plus tard son
influence.

Ce que pense un Anglais sur la politique coloniale de son pays, qui n'a pas d'autre politique,
deux, dix, cent, mille Anglais, toute la nation
le pense, parce que, possédant la liberté de la
presse, le droit de réunion et d'association, il
leur est facile de donner une direction générale à l'opinion publique, tandis que nous, à qui
tous les gouvernements, même le gouvernement républicain, refusent ces trois libertés
fondamentales, nous avons toujours besoin
d'hommes providentiels pour nous diriger.

Il ressort des mœurs politiques de l'Angleterre une habileté suprême à n'agir jamais que dans le sens de ses intérêts et paraître désintéressée ; à employer partout la trahison, voyez le bombardement de Copenhague en pleine paix, — et se dire loyale ; la ruse et la duplicité — voyez Aden, qui de dépôt de charbon au début pour ne pas alarmer l'Europe, est devenue une des premières places fortes du monde, — et se prétendre honnête et franche... ; à couvrir l'Inde de sang et de ruine... et se dire humaine ; à imposer à coups de canon aux Chinois, son opium qui les abêtit... et se dire généreuse et respectueuse du droit des autres ; à abolir l'esclavage pour le monopoliser à son profit et tuer les colonies de ses rivales... et se dire humanitaire !... à couvrir le monde de ses prédicants... et se dire religieuse !...

Qu'on me pardonne d'insister, mais malheureusement notre pays est plein d'esprits superficiels, qui croient à l'Angleterre et nous poussent à l'alliance anglaise, jusque dans les régions du gouvernement..., et puisque les leçons de l'histoire ne profitent en rien à nos *gogos ministériels* et autres, il faut le crier sur les toits, pour que la nation l'entende et oblige enfin nos *contrefaçons* d'hommes d'État, à suivre une politique plus française, plus conforme à nos intérêts.

Que l'Angleterre soit une puissance très habile, très intelligente, très forte, cela ne fait pas l'ombre d'un doute... Mais qu'elle soit loyale, désintéressée, honnête, généreuse et humanitaire dans ses relations avec les autres peuples, non ! *mille fois non !* et ceux qui lui donnent ces qualités ne connaissent pas un mot, ni de l'histoire coloniale, ni des mœurs, ni des aspirations, ni de la politique anglaises.

Ses plus beaux fleurons coloniaux, le Canada, Maurice, l'Inde, etc..., se composent de nos dépouilles, toutes arrachées par la ruse et en nous jetant des guerres européennes sur les bras.

On nous a vus quelquefois aux côtés des Anglais nous battre pour la politique anglaise. On n'a jamais vu, et on ne verra jamais, les Anglais à nos côtés se battre pour un intérêt français.

Ils ont raison, mais, bon Dieu ! rendons-leur donc la pareille... et que nos politiciens nés d'hier ne se grisent pas au point de renouveler la fameuse alliance intime parce qu'ils ont déjeuné avec le prince de Galles.

Mais je sens que je dois serrer mon sujet... je me laisserais entraîner trop loin.

Les cris des cipayes, mitraillés avec leurs femmes et leurs enfants à la mamelle, sont là pour nous dire ce que vaut l'humanité de l'Angleterre, comme les nombreux traités qu'elle a violés nous diront bien haut ce que vaut sa bonne foi... Pour le moment, je désire faire connaître les motifs qui l'ont poussée à abolir l'esclavage.

Et je le dis d'ores et déjà, l'Angleterre n'a aboli la traite que pour la monopoliser à son profit, ruiner les colonies portugaises, espagnoles, françaises, etc., et porter à sa rivale, l'Amérique, un coup qui devait être mortel plus tard.

Quand l'Angleterre cessera de faire la traite à Sierra-de-Leone, sur la côte de Guinée, à Bonavista et à Loando, et la traite officielle, la traite au grand jour, la traite patronnée par le gouvernement; quand elle émancipera les douze millions d'esclaves agricoles, serfs attachés à la glèbe, qu'elle possède chez elle... alors je commencerai à croire à son humanité.

Écoutez le jugement qu'a porté sur la nation anglaise un homme qui la connaissait bien, M. le comte de Waren, puisqu'il a servi vingt ans dans ses armées.

« En dehors des intérêts matériels, et des questions de finance et de commerce dont elle se préoccupe exclusivement, elle n'a ni lumières, ni élévation, et dans les questions politiques n'a jamais été et ne sera jamais loyale et

généreuse. Adoptant l'idée romaine pour elle,
les étrangers (*foreigners*), qu'ils s'appellent
Russes, Français ou Chinois, sont toujours des
barbares, vis-à-vis desquels on n'est tenu à aucune bienveillance, à aucune justice, pas même
à de la reconnaissance pour les services qui
peuvent avoir été rendus. »

Humanitaire l'Angleterre !...

Lisez donc ces lignes arrachées en 1857 au
Journal des Débats, à la suite des épouvantables
massacres dont l'Angleterre se souillait dans
l'Inde.

« Ces emportements furieux, également in-
compatibles avec la raison calme, les senti-
ments élevés et la dignité d'un grand peuple,
ne relèveront pas l'Angleterre dans l'estime et
la sympathie de l'Europe. Il y a plusieurs siècles que les *guerres d'extermination* sont finies
et oubliées *dans le monde civilisé*. Les peuples
modernes en ont désappris les instincts et les
procédés, le vocabulaire sauvage.

» Aucun d'eux n'a le droit ni la puissance de
remettre ce langage, ces procédés, ces instincts,
en pratique et en honneur. aucun ne peut en
relever le drapeau sanglant et hideux sans exciter la réprobation et l'horreur universelles. »

Et qui est-ce qui accuse ainsi l'Angleterre
d'avoir fait une guerre d'extermination, une

guerre de sauvages, et d'avoir relevé le drapeau
sanglant et hideux de la barbarie ? Un journal
dont la bienveillance pour le gouvernement
modèle du régime parlementaire fut de tout
temps bien connue.

Voilà que je vais encore faire l'école buis-
sonnière ; il faut que je ramène de force ma
plume à la question de la traite, car pendant de
longues pages encore, elle s'égarerait à trans-
crire sans se lasser toutes les hontes historiques
de cette nation qui, ne pouvant vivre que par
les colonies, et craignant que la France ne de-
vienne une grande puissance coloniale, a ins-
crit sur son drapeau, comme une règle perpétuelle de conduite : *l'abaissement de la France.*

A peine l'Angleterre avait-elle obtenu de
toutes les nations de l'Europe, sinon l'abolition
de l'esclavage, du moins celle de la traite,
qu'elle s'arrogea le droit de visite, qui lui permit de porter un coup mortel au commerce de
ses concurrents sur la côte d'Afrique. Le nombre des navires qu'elle condamna, fit couper en
deux pour les mettre hors de service, sans
preuves, sur de simples soupçons, est incalcu-
lable.

Si ce n'était pas pour atteindre la marine de
commerce de ses adversaires, sur la côte d'Afrique, que l'Angleterre nous explique cet acte

de vendalisme, qu'elle nous dise pourquoi elle a fait si longtemps scier en deux les navires suspects à ses yeux de faire la traite, au lieu de les faire vendre aux enchères. Le but qu'elle poursuivait est bien clair : détruisez leurs vaisseaux, et vous détruisez le commerce de vos rivaux.

C'est un des côtés de la question de la traite qui ne manque pas d'habileté, et qu'il était intéressant de signaler.

Mais la traite abolie, l'Angleterre n'entendait pas pour cela se priver de noirs dans ses colonies.

Elle commença alors à mettre à exécution un plan mûrement et savamment élaboré. Il fallait jeter de la poudre aux yeux de l'Europe, et ne pas paraître mentir au rôle qu'on s'était donné.

Tout va marcher, avec ces règles méthodiques, et ce respect du décorum et de la légalité apparente que les Anglais savent si bien observer quand ils veulent tromper leurs voisins.

Les colonies commencèrent par adresser des pétitions à la Couronne pour demander des travailleurs.

La Couronne nomma alors, comme c'était convenu, arrêté d'avance, une demi-douzaine de philanthropes, avec mission d'étudier la

6.

question *des émigrants libres* de la côte d'Afrique, et de répondre aux trois questions suivantes.

1° L'Afrique possède-t-elle réellement les éléments d'une émigration libre et considérable pour les Indes occidentales ?

2° Cette émigration est-elle à désirer dans l'intérêt des populations africaines ?

3° (Attention, voici pour la galerie de l'Europe.) Peut-elle être effectuée sans qu'on puisse légitimement craindre ou même supposer qu'elle ne suscite et n'encourage une nouvelle traite des noirs ?

Les bons philanthropes se mirent immédiatement à l'œuvre, et comme de juste répondirent affirmativement aux trois questions..... ils n'avaient été nommés que pour cela ! !

Leur réponse à la seconde question mérite d'être citée :

» Sur la question de savoir si, pour les diverses populations africaines, il y avait vraiment avantage à vivre aux Indes occidentales plutôt qu'en Afrique.

» *Le comité,* d'après les renseignements les plus authentiques sur la situation des choses et des personnes de la population agricole, jadis esclaves à la Jamaïque, dans la Guyane anglaise et à la Trinidad *ne peut douter* que pour

le nègre sans asile qui vient d'être soustrait à
la traite, pour l'Africain ignorant et barbare
qui vient amasser péniblement dans les établissements anglais quelques minces profits dont
il jouit ensuite dans sa tribu ; que même pour
l'Africain libre du Sierra-Leone placé depuis
plusieurs années sous la tutelle du gouvernement britannique mais privé de tout moyen de
se former aux travaux agricoles, réduit toujours
à un salaire de quatre à cinq deniers par jour,
ou au produit presque insuffisant d'une petite
culture, l'émigration aux Indes occidentales ne
soit *un grand bienfait.* »

Sir John Jérémie, un beau nom pour un philanthrope, prétendit même que dans les flancs
de cette mesure se trouvait tout l'avenir de la
civilisation africaine...

Oh ! les triples hypocrites !

Les voyez-vous, au lendemain de l'abolition
de la traite, interroger les anciens esclaves de
la Jamaïque et les faire parler en faveur d'une
traite occulte, parce que c'était l'intérêt de
l'Angleterre... Voilà qui est convenu : sir John
Jérémie et les anciens esclaves de la Jamaïque
l'ont dit, l'Africain barbare sera plus heureux,
loin du pays où il est né, où il travaille peu,
mais vit à sa guise, loin de sa famille, loin des
siens, et il faut le transporter, pour faire son

bonheur et civiliser l'Afrique, dans des colonies anglaises, où il travaillera pour les Anglais... Le travail anglais élève et moralise, tandis que le travail portugais, espagnol, français, pouah ! ne m'en parlez pas, sir John Jérémie s'en voile la face avec sa Bible, rien que d'y penser... Voilà qui est convenu ! on prendra en Afrique les noirs sous le nom *d'engagés libres,* on les transportera aux Antilles où ils deviendront non moins *librement* des travailleurs *forcés.* Car vous pensez bien que s'ils ne veulent pas travailler en arrivant on saura bien les y contraindre *librement.* Trop pratique, John Bull, pour dépenser son temps et son argent en pure perte !

Seulement, sir John Jérémie et ses acolytes ne plaisantent pas, diable ! Et la morale, et le droit, et l'humanité *fichtre !* Il ne faut pas blesser tout cela, autrement on aurait affaire à eux ! Et à la troisième question ils répondent :

« Que le meilleur moyen de montrer au monde qu'on ne veut pas rétablir la traite sous un autre nom, consiste à défendre aux particuliers de s'occuper de l'émigration *libre,* et à la confier entièrement à l'action du gouvernement. »

La morale, le droit, l'humanité étaient sauvegardés !

Traduisez: Le gouvernement anglais aura

seul le monopole de la *traite* des engagés *libres*
qui sont destinés à être transportés dans les
colonies anglaises, où ils seront *libres* de travailler *forcément* pour leurs maîtres. De cette
façon, les colonies anglaises seront les seules à
être abondamment fournies de travailleurs,
tandis que les colonies des autres peuples péri-
ront faute de bras. Car on ne permettra pas
aux particuliers des autres nations de venir
chercher à la côte d'Afrique des engagés, sous
prétexte qu'ils pourraient faire la traite. Pour
les Anglais, c'est différent : c'est le gouvernement qui surveille...

Aussitôt imaginé, aussitôt conclu.

Les colonies votèrent des fonds pour avoir de
ces engagés *libres* qui sont *forcés* de travailler.
Et le gouvernement anglais nomma, à Sierra-
Leone, un agent général d'émigration son représentant, chargé de surveiller les autres agents
employés à la *traite* des hommes *libres*. Et la
traite des esclaves recommença sous un autre
nom, protégée, cette fois, par le drapeau et la
flotte de l'Angleterre.

Les deux belles places que c'étaient autrefois,
je ne sais pas aujourd'hui, celle d'agent général de Sa Majesté pour l'émigration et celle
de commandant de la flotille de la côte de
Guinée. Quand un membre d'une famille in-

fluente s'était ruiné à Epsom en pariant pour
Jack alors que Tom l'avait distancé d'une longueur, il n'avait qu'à obtenir une de ces deux
positions, pour y refaire rapidement sa santé
financière. Le climat de la côte d'Afrique était
très sain... à cette époque.

Je n'ose pas insister, on comprend surabon-
damment, quand on connaît les Anglais, gens
d'affaires avant tout, à quels honteux tripotages
donna lieu l'organisation de l'émigration libre
à la côte de Guinée; il n'est pas certain, du
reste, que la moralité de toute autre nation eût
pu y résister.

Voyez-vous bien tous ces bons agents, ayant
eux-mêmes des sous-agents indigènes à leur
solde et à leurs ordres, choisis dans le rebut de
la population noire, se répandant partout dans
l'intérieur, transportant des marchandises en
un lieu déterminé d'avance, rencontrant là sept,
huit, cent, mille esclaves, amenés par un roi de
l'intérieur, puis, à un moment donné, quand le
troupeau humain n'est plus qu'à quelques milles de Sierra-Leone, l'agent supérieur se pré-
sentant à point nommé, pour leur donner la liberté au nom de l'Angleterre... La même scène
a lieu si ce sont des noirs saisis sur un navire
négrier. Mais ce n'est que le commencement de
la comédie; ces esclaves déclarés libres par

l'officier du gouvernement deviennent des
émigrants pour les colonies anglaises.

Je défie les bons journaux anglais qui me
traînent dans la boue à tant la ligne, parce
que je dévoile dans tous mes ouvrages les
petits tours qui s'élaborent dans leur caverne
d'écumeurs de mer, de me donner un démenti ;
je n'aurais que l'embarras du choix pour récolter
les signatures des anciens résidents qui pourraient affirmer l'exactitude de ce que je vais
annoncer.

Il y a à Sierra-Leone un immense bâtiment
dont les croisées sont grillées en fer. Au fron-
tispice j'y ai copié l'inscription suivante :

ASYLUM FOR THE LIBERATED AFRICANS

By Bristih philantropy and value

(Asile offert aux Africains libérés, par la
valeur et la philanthropie de l'Angleterre.)

C'est là qu'on enferme sous clef et verrou
tous les pauvres diables qu'on saisit, racole,
surprend, trompe, vole ou achète en dessous
main. Quand l'*Asylum* offert aux Africains libérés *by British philantropy and value* est plein,
et que les navires frétés *ad hoc* sont prêts à
partir pour les colonies, on ouvre les portes,

l'officier de la couronne se présente devant les noirs et leur tient le discours suivant :

« Africains!...

« C'est à l'Angleterre que vous êtes redevables de la liberté dont vous jouissez en ce moment. Au lieu de retourner à votre existence sauvage et barbare, voulez-vous, protégés par son libre drapeau, aller travailler dans les colonies de votre libératrice, vous moraliser par l'exemple des bonnes mœurs et les leçons de l'Évangile ? »

Silence sur toute la ligne, comme de juste ; personne n'a compris.

L'interprète s'avance à son tour, et dans l'idiome familier à ceux à qui il s'adresse il s'écrie :

— Qui sont ceux qui désirent devenir du *grand monde ?*

Qui sont ceux qui veulent de petits cochons rôtis, des pipes, du tabac, des pagnes rouges et du rhum ?

— Moi!... moi !... s'écrie aussitôt la foule.

Tous les regards s'allument de convoitise, tous les bras se lèvent, pas un ne manque.

On leur donne alors ce qu'on vient de leur promettre, du porc rôti, des pipes, du tabac, des pagnes rouges et un peu de rhum, puis au

son du tam-tam nègre, on les entraîne à bord,
en leur persuadant que dans le pays où on va
les conduire, ils couleront des jours tissés de
petits cochons rôtis, de tabac et de rhum.
Quand ils sont dégrisés, le navire est en pleine
mer et c'est désormais affaire au capitaine de
maintenir la tranquillité à bord, à coups de
fouet, en enfermant ses émigrants *libres* dans
le faux-pont, et mettant aux fers les récalci-
trants. S'il y en a qu'on soupçonne de fomenter
une révolte, ce qui n'est pas rare, car les pauvres diables ne sont pas longs à voir qu'on les
a trompés, on leur casse proprement la tête, ou
on les envoie se balancer au bout d'une vergue,
sans autre forme de procès, et le calme se réta-
blit ainsi par la douceur.

Ils mangent pendant le voyage une nourriture
que nous ne donnerions pas à notre chien, on
en jette un cinquième à l'eau comme autrefois.
A la moindre épidémie, on les *purge* si fortement qu'il n'en reste plus pour continuer la
contagion, et le reste de ce qui arrive aux Antilles est cédé, non pas vendu, pour cinq ou
dix ans aux colons, moyennant le prix du passage du travailleur *libre* qui va être *forcé* de
travailler pour eux, augmenté de tous les accessoires, tels qu'intérêts, intérêts des intérêts,
commission, etc....

Quand vous rencontrez un navire comme
cela, gardez-vous bien de dire : C'est un négrier!
Diable ! vous vous tromperiez beaucoup, son
capitaine a une patente en règle pour transporter des émigrants *libres* qui vont travailler par
force !...

Et dire qu'il y a de par le monde, en France
surtout, des milliers de braves gens, qui croient
encore à la philanthropie et à la générosité de
ces gaillards-là, et qui vous traitent d'anglo-
phobe si on leur met le nez dans les petites
coquineries de nos voisins.

Oui, je le répète et je mets au défi les Anglais
d'accepter une enquête de gens indépendants,
de gens qu'ils ne gagneraient pas sur ce point.
Ils ont monopolisé la traite des noirs au profit
de leurs colonies ; sous couleur d'émigration
libre conduisant au travail *forcé*, ils ont recons-
titué l'esclavage à leur profit.

L'Angleterre, à partir de ce moment, étant
seule à faire la traite légale, sachant que le
gouvernement français ne se ferait jamais
marchand d'esclaves, maîtresse de traiter
comme bon lui semble les négriers ou prétendus
négriers, espagnols et portugais, se mit à développer tranquillement ses richesses colonia-
les, et à augmenter de jour en jour la puissance de sa marine de guerre, et le nombre de

ses navires de commerce. Elle s'est emparée
sur le globe de toutes les grandes positions,
clefs des continents ou des mers, possède à
elle seule un quart de la terre habitable, et de
son île regarde en paix l'Europe se déchirer à
son profit. Tant mieux pour les Anglais, si leur
patriotisme égoïste, si leur force de cohésion,
si leur unanimité sur le terrain commercial et
politique leur donne la prospérité et la grandeur, mais, pour Dieu ! que ce ne soit plus la
France qui prêche leur générosité, leur loyauté,
leur humanité... Tout cela n'est que du décors
en carton peint et ne pèse pas lourd dans
l'esprit britannique, dès que l'intérêt d'un
ballot de coton ou d'une caisse d'opium est en
jeu........

J'ai dit plus haut que leurs missionnaires
et prédicants n'étaient que des pionniers commerciaux, des commis-voyageurs au service de
sociétés industrielles ; je désire appuyer mes
dires sur une autre autorité que la mienne. Le
même officier que je viens de citer plus haut
s'exprime ainsi sur leur compte :

« La société des *Missionnaires protestants pour
la propagation de la foi...* est un saint-simonisme
religieux mitigé d'une communauté prédicante
et commerçante, gouvernés par des chefs élus
dans la société-mère qui siège à Londres. Cha-

que individu qui y est admis renonce, en prenant les ordres, à sa liberté et à toute propriété individuelle ; sa personne comme sa fortune appartient à la communauté : c'est la société qui lui donne une compagne choisie dans la famille d'un de ses membres, qui le remarie s'il devient veuf, qui trouve des maris pour ses filles quand il est père, ou pour sa veuve s'il vient à mourir. Il ne peut rien posséder en propre et il doit compte à la société de tout ce qu'il gagne comme prêtre, comme banquier, comme industriel ; mais en retour elle assure son existence ; on ne le laissera jamais manquer du nécessaire, rarement même d'un élégant confortable. Enfin, pour exciter et développer ses moyens, on lui fait une existence proportionnée à son utilité. Mais que suit-il de tout cela? Ce n'est plus un prêtre... »

« Il a peut-être eu l'idée, continue M. de Waren, en partant pour l'Inde, l'Afrique ou l'Océanie de prêcher l'Évangile ?

» Mais occupé d'études spéciales que ses chefs lui ont imposées, absorbé par ses transactions de banque ou ses spéculations commerciales, il tient des registres, dirige une correspondance, professe la chimie, fait du papier, imprime, relie, bâtit des maisons et oublie son métier de missionnaire. C'est une journée ou-

vrière, patiente et laborieuse, qui augmentera le
capital, étendra l'influence et les relations commerciales de la république industrielle à laquelle il
appartient, mais qui, s'il en faut juger par le passé,
ajoutera peu au domaine du christianisme. »

« Les missionnaires anglais a dit M. Jacque-
mont, visitant l'Inde, s'étonnent de ne pas faire
de conversions. Ils ont une femme, des chevaux, des domestiques, ils habitent une maison
commode et se disent missionnaires... Ces gens-
là forment une communauté et une colonie
religieuse en Europe, industrielle et commerçante dans l'Inde qui s'arrondit passablement
sur les deux rives du Gange, mais ramène très
peu de brebis au bercail... »

On conçoit que le gouvernement anglais,
loin d'entraver le développement de cette société, le favorise au contraire de tout son pouvoir. Grâce à elle, il n'y a pas une île de l'O-
céanie, pas un point ignoré des côtes asiastiques
et africaines où vous ne rencontriez un cler-
gyman avec sa nombreuse famille, en train
d'exploiter les richesses du pays où les chefs de
son association *religioso-commerciale* l'ont expédié. Ici il enrégimente les naturels et se fait
pêcheur de nacre et de perles qu'il expédie
en Europe, pendant que sur la plage il tient
un petit magasin de conserves alimentai-

res, de fournitures de navire, de pagnes, de co-
tonnades, de brandy (prononcez cognac) et de
gin pour les naturels, qui viennent dépenser
le soir, dans son magasin, en achat d'étoffes ou
en boissons, l'argent qu'il leur a donné le matin pour leur faire pêcher la nacre. Le pieux prédicant tient un cabaret, mais c'est dans un noble but : enrichir sa société. Les jésuites protestants professent aussi bien que les nôtres la
maxime qui justifie les moyens par la fin. Là
il installe des pressoirs, exprime la liqueur de
l'amende du cocotier ou de l'elœïs guinensis,
et expédie chaque année aux savonneries de
Liverpool ou de Birmingham des milliers de
tonnes d'huile de coco ou de palmier.

Dans les grands centres, il est banquier,
achète, vend, escompte, commandite, commis-
sionne et spécule sur le riz, l'indigo, la soie, le
coton, l'opium, le blé, les cafés, les sucres.

Dans les contrées non encore explorées, on
l'expédie comme voyageur patient et infati-
gable. Il revient après plusieurs années d'absence et donne à son association les renseignements les plus exacts, les plus détaillés, les
plus circonstanciés sur les ressources industrielles et commerciales et en productions naturelles des pays dans lesquels il a séjourné pendant de longs mois. Les directeurs prennent

note de tout ceci, et quelques mois après on apprend qu'ils viennent de créer de nouveaux centres de propagation de la foi, dans des pays où nul Européen n'avait encore osé s'installer. Traduisons pour être dans le vrai : « Les rapports du missionnaire voyageur ayant été des plus favorables, l'association vient d'établir, au centre de l'Afrique ou ailleurs, plusieurs comptoirs qui vont exploiter dans leur fleur les contrées nouvellement découvertes... » De nouveaux établissements succéderont aux premiers, la race des clergymen est très prolifique, bientôt l'esprit de colonisation s'en mêle, les émigrants arrivent, les grandes maisons de Londres y envoient des représentants.

Et l'Angleterre se trouve bientôt à la tête d'une nouvelle colonie.

Mon Dieu ! c'est affaire à elle, de savoir tirer son épingle du jeu, elle est habile, soucieuse de ses intérêts, elle fait constamment la tache d'huile dans le monde..., et au fond je ne puis reprocher aux Anglais de mettre tout leur patriotisme à bien servir les intérêts anglais.

Qu'ils fassent abolir la traite dans le monde pour la monopoliser à leur profit ;

Qu'ils s'emparent des colonies des autres par tous les moyens ;

Tout cela peut n'être ni moral, ni honnête,

ni humanitaire, mais c'est anglais et ce n'est pas bête !

Tandis que quand je vois nos sociétés de géographie, patronnées par le gouvernement, nos bonnes sociétés *gogos* donner invariablement leurs grandes médailles à tous les clergymen et autres voyageurs de commerce anglais, qui courent le monde, pour y détruire le prestige du nom Français et créer les établissements industriels et commerciaux qui permettent à l'Angleterre d'étendre sans cesse sa domination sur le monde... oh ! alors je dis : Ça n'est, il est vrai, ni immoral, ni déshonnête, ni antihumanitaire de distribuer des médailles à tort et à travers, mais c'est bête, parce que ce n'est pas Français...

Le lecteur voudra bien excuser cette digression qui se lie plus à mon voyage qu'on ne pourrait le croire. Je n'ai jamais pu mettre le pied nulle part dans le monde entier sans voir surgir devant moi un Anglais en train de semer sur une plage quelconque des intérêts anglais. Quand je repassais un ou deux ans après, la récolte était faite ; un village était né sur la plage déserte et stérile, et déjà le village était en train de devenir une ville.

Pourquoi la France ne se répand-elle pas sur le globe à l'imitation de sa voisine ? Pourquoi oublie-t-elle que sous Colbert elle a été la plus grande puissance maritime et colonisatrice du monde ?

J'ai déjà dit autre part [1]:

« Les nations européennes qui restent chez elles, avec le flot des besoins qui monte et de la population qui s'accroît, marchent à la guerre sociale et à une chute fatale. »

Tel qui manquait de pain noir et couchait sur la paille, il y a un siècle, est arrivé graduellement à l'aisance ; les bestiaux sont aujourd'hui mieux logés que nos pères.

— C'est la marche logique du progrès, disent les économistes, tout glorieux de leur trouvaille. Oui, c'est le progrès!... mais la terre marche en sens inverse : vous la déboisez : vous tarissez ses cours d'eau, ses mines ; vous la surmenez de culture ; il arrivera un moment où elle ne pourra plus suffire aux exigences progressives de la vie. Ce qui est du luxe aujourd'hui ne sera plus que de l'aisance dans un temps plus rapproché de nous qu'on ne le croit. La consommation ne sera plus en rapport avec la production... Il faut prévoir ce moment...

Il ne faut pas nous cantonner sur notre sol si nous ne voulons léguer à nos descendants d'interminables luttes sociales dont l'issue serait

1. *Voyage aux Ruines de Golconde.*

7.

facile à prévoir. Il faut briser avec la routine, il faut reprendre notre politique coloniale et nous maintenir assez forts pour la faire respecter. En transportant résolument son champ d'action dans l'extrême Orient, la France jouera de nouveau un grand rôle dans le monde, ce qui est conforme à ses aspirations traditionnelles, et elle envisagera sans effroi l'avenir et le développement de sa population, car elle; aura, pour des siècles, assuré le bien-être et la vie de ses enfants.

Un gouverneur de talent et d'énergie, au Sénégal, avec un budget de vingt-cinq à trente millions, et avant cinq ans, la France plantera son drapeau à Tombouctou, le grand marché central du Sahara, du Soudan et de toute la Nigritie.

Qu'on agisse de même en Asie, et Cambodgiens, Siamois, Annamites, Chinois, tous les peuples de l'Indo-Chine en un mot, en moins de vingt ans auront accepté notre drapeau, et ils béniront la main tutélaire qui saura les arracher à leurs gouvernements corrompus et despotiques, qui les fera propriétaires des terrains dont ils ne sont que les usufruitiers et abolira leurs coutumes pénales basées sur les plus affreuses tortures.

Toute nation civilisée a le droit indiscutable

d'étendre le plus possible son influence, d'appeler au progrès les populations sauvages de l'Océanie, de l'Afrique, de l'Amérique, comme aussi de chercher à guérir de leur enfance sénile, de leur décrépitude les nations de l'Asie, qui, après avoir joué un si grand rôle dans le passé, s'éteignent au milieu d'une corruption sacerdotale et monarchique que nous ne soupçonnons même pas en Europe.

Au point de vue humanitaire, dans un intérêt social, et en face de ces immenses contrées qui ne sont pas exploitées par leurs habitants, les nations rentrent dans le droit naturel qui permet l'occupation de la terre à tout nouvel arrivant à côté du premier occupant, en limitant le droit de chacun à la portion qu'il peut cultiver. Un peuple a donc le droit de se répandre au dehors, de s'ouvrir des routes nouvelles pour le jour où son berceau sera devenu trop étroit... C'est là le vrai et honnête *combat de la vie* et son expansion sera légitime pourvu qu'il la limite à ses besoins et l'appuie sur la civilisation.

En face de l'Angleterre qui, sans compter ses autres colonies de moindre importance, s'est entourée pour vivre de l'Inde dont les revenus suffisent à payer les intérêts de ses trente-six milliards de dette, du Canada, de l'Australie, de la Nouvelle-Zélande, du Cap et des possessions du détroit de la Sonde, que la France s'empare résolument de toutes les contrées qui s'étendent au nord et à l'est de la Cochinchine. Elles nous remplaceront l'Inde que nous n'avons pas su garder.

Le jour où nous aurons trois cents millions de sujets Indo-Chinois pour leur porter nos produits manufacturiers..., le jour où nous pourrons écouler dans cette contrée tous nos déclassés, tous nos esprits aventureux avides de jouir, nous aurons assuré pour des siècles l'avenir de notre commerce, de notre industrie, de notre marine marchande..., nous aurons assuré chez nous la paix sociale...

Nous n'avons pour cela qu'à reprendre les plans de Dupleix qui avaient si bien réussi dans l'Inde...

L'Angleterre a si bien compris le grand rôle que nous pourrions jouer dans l'extrême-Orient que, depuis près de deux siècles, elle n'a jamais manqué de nous jeter une coalition sur les bras chaque fois que les loisirs de la paix auraient pu nous permettre de reprendre notre vieille politique coloniale...

Le marché aux esclaves d'Imbodou et, par une association d'idées facile à comprendre, la traite des hommes libres rétablie par l'Angleterre à son profit, les agissements de nos voisins dans le monde, le rôle de leurs prédicants qui vont essayer les chemins des contrées nouvelles qu'on colonisera ensuite, la naïveté de la France, ou plutôt l'incapacité notoire de ses hommes d'État, croyant encore à l'alliance anglaise et prêts à la sceller sur la ruine de nos colonies, tout cela s'agitant dans mon cerveau m'avait plongé dans de telles réflexions que j'avais quitté la foire et étais revenu, presque sans y prendre garde, m'asseoir à la porte de notre tente.

Lucius, qui avait respecté mon silence, me croyant sous le coup d'un de ces accès de mélancolie qui parfois s'emparaient de moi quand je songeais aux absents, se décida cependant à me frapper sur l'épaule, la nuit était venue et le souper était servi.

— A quoi songiez-vous, me dit mon jeune ami, je ne vous avais jamais vu si absorbé.

— Je pensais, lui répondis-je en souriant, à cet homme de l'Écriture qui prêchait dans le désert.

— Est-ce que vous auriez envie de vous faire prédicant ?... et l'excellent cœur éclata de rire...

Nous pénétrâmes sous la tente commune où la société du capitaine, qui ne se sentait pas

de joie de commencer ses fructueuses opérations, vint donner un autre cours à nos idées.

Le lendemain, après deux heures de marche,
notre caravane entrait sur le territoire yébou,
précédée par le bruit infernal que faisaient une
cinquantaine de musiciens nègres, venus d'un
village voisin pour célébrer notre arrivée.

DEUXIÈME PARTIE

LES PAYS MYSTÉRIEUX. — CHEZ LES YÉBOUS. — TCHADÉ

DEUXIÈME PARTIE

LES PAYS MYSTÉRIEUX. — CHEZ LES YÉBOUS. TCHADÉ.

Le premier village yébou que nous rencontrâmes après avoir passé la frontière, portait le nom de Tchadé. C'était une agglomération de cases à peu près de la même importance que celle d'Imbodou, et comme ce dernier lieu, tirant toute sa prospérité des grandes foires qui tous les mois réunissaient sur son territoire les marchandises des deux pays.

Quand il n'y avait pas foire à Imbodou, il y avait foire à Tchadé et réciproquement. Aussi le capitaine n'eut en rien à souffrir dans ses intérêts pour n'avoir pu commencer ses échan-

ges sur le sol béninien ; quelques heures après
notre arrivée à Tchadé, nous commençâmes à
voir arriver à la file les uns des autres, tous les
trafiquants installés la veille à Imbodou ; l'appât
des nouvelles armes et la venue d'une troupe
aussi nombreuse d'Européens avaient suffi pour
déplacer le centre de la foire. Pendant cette
soirée et toute la journée du lendemain, je ne
pus aborder Adams pour une conversation
sérieuse ; je ne cherchai pas, il est vrai, à le
troubler dans ses occupations ; le pauvre ami
avait assez à s'occuper pour faire déballer une
partie de ses marchandises, surveiller tout son
monde, et chasser les voleurs. J'en profitai,
selon mon habitude, pour faire une promenade
dans la campagne en quête des richesses naturelles que la flore et la faune du pays pouvaient
m'offrir

Lucius se joignit à moi, en me déclarant très
nettement ce qu'il m'avait déjà dit après mon
aventure du caïman, qu'il ne me laisserait plus
parcourir le *mafoua* sans m'accompager. Le
mot *jungle* dont on se sert dans l'Inde pour
désigner de vastes espaces de terrains envahis
par les lianes, les buissons, les bambous et les
abrisseaux, rend exactement le sens de l'expression africaine mafoua.

Le village était entouré de très beaux champs

de millet, de maïs, de cotonniers, de cannes à sucre, d'ignames, et d'arachites ; nous admirâmes l'intelligence avec laquelle toute la plaine était coupée en damier par de petits canaux destinés à l'irrigation de ces différentes cultures.

Ourano, que nous avions emmené avec nous pour mettre à profit l'expérience qu'il possédait de ces contrées, nous avoua à ce propos que la culture et l'élevage des bestiaux étaient beaucoup plus avancés chez les Yébous qu'au Bénin.

Aux champs couverts d'abondantes moissons succédèrent d'interminables marécages qui semblaient s'étendre aussi loin que la vue pouvait les suivre, c'est-à-dire jusqu'aux pieds de petites collines qui se détachaient en lignes bleuâtres sur l'horizon.

Nous rencontrâmes là d'innombrables quantités de petits échassiers, de la taille et du plumage de nos vanneaux, qui en nous voyant se mirent à sautiller d'une façon singulière : ils faisaient entendre une succession de petits cris aigres et précipités *ti-huit ! ti-huit ! ti-huit !...* mais sans fuir trop loin de nous cependant.

— N'allez pas plus loin, nous dit Ourano d'un ton mystérieux.

— Qu'est-ce qui vous prend, chef, lui dis-je,

en l'observant avec curiosité, est-ce que nous nous trouvons près de quelque endroit fétiche, c'est-à-dire consacré aux mauvais esprits.

— Non, me répondit l'obi, mais la présence de cet oiseau annonce toujours celle du caïman et à moins que tu ne veuilles chasser encore la bête, nous ferons bien de quitter les marigots.

— Nous nous rendons à ton observation, Ourano, car mieux que nous tu dois connaître les lieux qu'habite de préférence ce dangereux animal, mais explique-nous pourquoi la rencontre de cet oiseau te fait présager la présence du caïman.

— C'est le griot !

— Qu'appelles-tu le griot ?

— L'oiseau du tinsah (caïman).

— Nous n'en sommes guère plus avancés.

— Partout où est le caïman, son oiseau le le suit, il lui dit les chansons qu'il aime le mieux, par ses cris il lui indique quand une proie s'avance près du marigot, et quand il dort, il le débarrasse de tous les insectes qui s'introduisent dans sa gueule toujours ensanglantée à la suite de ses repas.

— C'est pour cela qu'on l'appelle le griot ?

— Oui, capitaine.

— Alors tu crois que tous ces oiseaux qui se

sont mis à crier à qui mieux mieux en nous
voyant venir, avertissaient à leur manière les
caïmans de notre présence !

— Oui, capitaine, et si nous nous engagions
dans le marigot, nous ne tarderions pas à être
attaqués par les tinsahs.

Bien que ne partageant pas les idées de l'obi
sur cet oiseau merveilleux, la configuration des
lieux où nous nous trouvions lui donnait trop
raison au point de vue des dangers que nous
pouvions courir, pour que nous n'écoutassions
pas immédiatement ses avis. Nous rebrous-
sâmes chemin et dirigeâmes notre promenade
du côté des cultures.

Quelques mots pour faire comprendre au
lecteur ce nom de *griot* donné par Ourano au
compagnon du caïman.

Il y a dans tout l'ouest de l'Afrique occiden-
tale, c'est-à-dire dans la Nigritie, la Guinée, la
Sénégambie, une caste de gens appelés *griots,*
qui sont les baladins et les chanteurs des principaux chefs. Ils improvisent avec emphase en
s'accompagnant d'une guitare à trois cordes,
les louanges de tous ceux qui les payent ; dans
leurs improvisations, en général il leur est permis de tout dire impunément, ils passent aussi
pour avoir des relations mystérieuses avec les
esprits, et à ce titre ils inspirent une véritable

terreur au vulgaire. Cette crainte fait qu'on leur refuse rarement ce qu'ils demandent dans tout le Yébou. Ils joignent à leur profession de chanteurs et de saltimbanques, celle de marchand de *gris-gris*, sortes d'amulettes qui jouent un grand rôle dans la vie du noir.

Ces griots ne vivent qu'entre eux, ne contractent d'alliances qu'entre eux, et ne professent aucun des cultes religieux en honneur dans ces contrées, ce qui contribue encore à augmenter la croyance commune qu'ils se livrent à des conjurations magiques.

Mais ils sont surtout chanteurs, pas une fête, pas une réunion, pas un festin, sans qu'une troupe de griots ne soit louée par ceux qui se sont réunis pour se réjouir. La plupart des rois et des chefs en ont toujours un certain nombre attachés à leur personne.

C'est pour cela que les nègres ont donné à ce petit oiseau de la famille des échassiers, qui d'après eux est le suivant inséparable du caïman, qu'il égaye de ses chants, le nom de griot.

Je tuai un de ces griots près d'un champ de millet où il s'était aventuré. C'était, malgré sa petite taille, un *macrodactyle* genre *mégapode,* mais dont la variété m'était inconnue.

La chaleur devenait accablante, et pour couper la route en deux et nous reposer un peu, nous nous arrêtâmes, dans un petit bois de tamariniers, qui avait été certainement planté au milieu des champs cultivés, soit pour que les maîtres pussent jouir de la fraîcheur de son ombrage en surveillant le travail de leurs esclaves, soit pour permettre à ces derniers de venir s'y abriter pendant les heures les plus chaudes de la journée.

Nous sûmes d'Ourano que la première hypothèse était la seule vraie. A quelle heure que ce soit du jour, et malgré l'élévation de la température, l'esclave élevé en plein air, et habitué aux rudes travaux des champs, préfère le soleil à l'ombre.

Au milieu de ces magnifiques tamariniers, qui atteignent dans ces contrées des hauteurs extraordinaires, se trouvaient une grande quantité de *Phœnix humilis,* sorte de palmier nain ne s'élevant guère qu'à une hauteur de douze à quinze pieds. Son tronc est assez droit, de couleur brune et de quatre à cinq pouces de diamètre au plus. De son sommet part une touffe de sept à neuf feuilles suivant l'âge de l'arbre, très raides, longues de sept à huit pieds environ, qui s'étendent horizontalement en rosette, et forment comme une espèce de parasol de feuillage.

Une des singularités de ce palmier consiste

en ce que ses racines produisent un grand
nombre de tiges, assez semblables à celles du
milieu, mais qui ne s'élèvent pas au-dessus de
quatre à cinq pieds. Ces tiges secondaires souvent garnies de feuilles jusqu'à la base, forment des touffes tellement épaisses, que je les
ai vues souvent, dans les forêts du Yébou et du
Yarribah, opposer à tous les efforts du voyageur d'infranchissables barrières. Ses fruits
sont beaucoup plus petits que ceux du dattier
cultivé, la pulpe en est plus épaisse et plus ad-
hérente aux noyaux, mais assez agréable au
goût. Ourano appelait cet arbre *kio-kom;* les
indigènes l'exploitent en vin de palmier; la liqueur qu'on en tire est loin de valoir celle du
cocotier, ou de l'elœïs guinensis, mais comme
l'arbre est peu élevé, cette récolte n'offre aucun
danger et le nègre, paresseux de sa nature,
dans beaucoup d'endroits abandonne la culture
de l'elœïs pour celle du Phœnix humilis.

Les palmiers nains près desquels nous nous
trouvions étaient garnis de calebasses dans lesquelles s'écoulait lentement la sève; nous en
fîmes détacher une pour y goûter, je pris une
gorgée de cette liqueur, mais il me fut impossible de l'avaler, tellement elle était amère et
âcre.

En coupant à travers les cultures pour rentrer

à Tchadé, nous tombâmes de nouveau au milieu d'une série d'endroits marécageux, mais
trop étroits, et surtout trop près des lieux habités, pour que nous pussions craindre la ren-
ontre de quelque hôte dangereux. Je signa-
lai en passant une grande quantité d'arbres rares tels que l'*erioglossum-canliflorum*, le *trichil-
lia-prieuriana*, l'*ochna-dabia*, l'*onchoba-spinosa*,
le *randia-longistyla*, le *combratum-comosum*, et
l'*uvaria-parviflora*, congénère de l'*uvaria-æthio-
pica* dont j'ai déjà parlé, et qui, comme ce dernier, donne d'excellentes épices. Les alentours
de Tchadé étaient garnis de grands arbres de
bentaniers, qui couvraient les champs voisins et
le village, de leur soie jaunâtre ; de *carappa-
touloucouna* dont les rameaux retombent jusqu'à terre sous le poids de leurs feuilles coriaces
et de *spondias-microcarpa*, avec leurs longues
branches et l'épaisseur de leur feuillage, et surtout de bananiers, de goyaviers et d'orangers.
Tous ces arbres servaient d'abri à une foule de
petits singes verts qui se livraient sous nos
yeux aux plus amusantes gambades. On se
fera une idée de la facilité avec laquelle ils doivent se reproduire quand on saura que le meurtre d'un de ces animaux est puni de cinq *ho-
guaos* d'amende ; cela représente une valeur de
douze mille cauris, soit environ dix francs.

Ces singes sont protégés par une vieille tradition.

Le Yébou et le Bénin étaient en guerre. Une nuit les habitants de Tchadé entendirent ces animaux faire un tel tapage, pousser de tels cris autour de leur ville qu'ils comprirent que quelque chose d'insolite devait se passer au dehors; ils sautèrent sur leurs armes, et se portèrent en avant. Il était temps, un parti de Béniniens s'avançait dans l'ombre pour saccager la ville, i fut repoussé et grâce aux singes verts, Tchadé fut soustraite aux horreurs du pillage, et ce n'est pas une petite chose qu'une ville pillée dans ces contrées ; les vieillards et les infirmes sont massacrés, et les valides, hommes, femmes et enfants, sont emmenés en esclavage.

La reconnaissance des Yébous pour leurs sauveurs fut si grande, qu'ils commencèrent par édicter la peine de mort contre quiconque tuerait un singe vert ; au bout de quelque temps, cependant, la peine parut un peu dure, et on la remplaça par celle de l'esclavage ; puis comme il n'est rien qui s'efface plus facilement dans le cœur des peuples que la reconnaissance, on finit par s'en tirer avec dix francs d'amende. C'est encore cher pour un singe, et dans quelques années ce *crime* qui entraînait la mort de son auteur, ne coûtera plus que quelques cauris à commettre.

Le troisième jour 'de notre arrivée, Adams donna l'ordre de faire les préparatifs du départ. Il avait fait de brillantes affaires et vendu à des prix exorbitants, ses armes et ses boîtes à musique, qui avaient eu un énorme succès. On peut se faire une idée des bénéfices qu'il réalisait par ce fait que la coutellerie, moins prisée, s'était échangée à mille pour cent de bénéfice; ce qui coûtait dix sous était revendu cinq ou six francs en poudre d'or et ivoire.

Des noirs avaient donné tout ce qu'ils possédaient pour avoir un révolver et une carabine à répétition. Le capitaine avait eu la plus heureuse des inspirations en faisant fabriquer ses armes; le fusil à pierre a disparu à peu près de ces contrées, ce qui fait que la capsule est une marchandise d'échange que l'on peut trouver facilement. Il avait donc fait adapter à chaque tube de la roue de ses révolvers et de ses carabines, une cheminée comme dans les fusils à piston ; on avait alors une carabine à répétition et des révolvers se chargeant avec une baguette ainsi que les armes anciennes, et se tirant avec une capsule. Il fallait plus longtemps pour charger, mais par contre, ces armes étaient d'un facile usage pour les noirs, qui le jour où ils eussent manqué de cartouches n'eussent pas su comment s'en procurer.

Tous les gens de Tchadé qui pouvaient payer les merveilleuses armes des blancs s'en étaient pourvus ; pour continuer les transactions, il eût fallu baisser les prix, et pour rien au monde Adams n'eût voulu y consentir à cause des marchés de l'intérieur, où il comptait bien élever plutôt qu'abaisser ses prétentions, chose qu'il n'aurait pu faire s'il avait diminué quoi que ce fût sur ses prix à Tchadé.

— Quand on aborde avec les noirs le terrain des rabais, on ne sait plus où cela s'arrête, nous dit le capitaine, qui nous donnait tous ces détails en dînant. Ils suivront une caravane de marchands pendant quinze jours sans se rebuter, ajoutant tous les jours quelques cauris au prix qu'ils ont offert d'un objet qu'ils désirent se procurer.

— Alors vous n'avez plus rien à faire ici ? lui répondis-je.

— Qu'à perdre mon temps.

— Et comme *times is money !* en langage yankee, cela veut dire que nous partons demain matin.

— Votre déduction est parfaitement exacte.

L'occasion était trop favorable pour que je ne la saisisse pas sur-le-champ.

— Capitaine, lui dis-je sans autre préambule, je vais vous faire une proposition.

— Je vous écoute.

— Si le projet que je caresse n'a pas votre complet assentiment, nous n'en parlerons plus... Vous voyagez pour faire du commerce.

— Et vous, pour récolter des brins d'herbe, des feuilles d'arbre, des oiseaux empaillés, des traditions, des observations ethnographiques et linguistiques... oh ! je vous vois venir.

— Je ne me suis pas encore expliqué.

— Oui, mais je comprends à demi-mot. Cela veut dire que je transporte une pacotille, que je m'arrête et repars, que je stationne deux heures ou trois jours, que je fais des marches forcées ou vais à petites journées, tout cela au gré de mes intérêts et sans me préoccuper le moins du monde de vos études ; c'est bien cela, n'est-ce pas ?

— J'avoue que...

— Ne m'interrompez pas, je veux vous montrer que je lis dans votre pensée.

— Vous avez acheté quelque gris-gris aux gangas de Tchadé, repartis-je en riant.

— Allons, je ne veux pas me faire passer pour sorcier, je n'ai pas eu d'autres gris-gris que mes deux oreilles. Un soir que je reposais dans mon hamac, le bruit d'une conversation que vous aviez avec Lucius est venu me tirer de la somnolence dans laquelle j'étais plongé.

— Et vous avez tout entendu ?

— Tout !

— Comme il est heureux que ce soir-là nous n'ayons pas été en veine de nous exercer sur votre compte.

— C'est ce qui vous trompe, vous avez parlé de moi et longuement encore.

— Vous m'effrayez, capitaine.

— Et en deux braves cœurs que vous êtes, vous en avez parlé comme on devrait toujours parler de l'ami absent. Je vous jure, Messieurs, continua Adams avec une pointe d'émotion, chose rare chez un homme aussi pratique, que je me fusse bouché les oreilles ou vous eusse fait connaître ma présence à la moindre parole malséante, mais ne m'en veuillez pas de vous avoir écouté, j'ai eu ce rare bonheur d'entendre deux amis parler de moi pendant près d'une heure et n'en dire que du bien.

— Mon cher Adams, lui répondis-je en lui serrant la main, il faudrait être bien mal doué pour ne pas savoir reconnaître, et les qualités de premier ordre que vous possédez quand nous parlons du marin et du négociant, et toutes les attentions délicates dont vous nous avez comblés quand nous parlons de l'ami.

— Enfin vous n'y alliez pas de main morte, et ma modestie, si j'en avais eu, car on dit que nous autres du Fear-West nous ne savons pas ce que c'est, aurait été mise à une rude épreuve.

— Et on a raison, mon cher Adams. A qui ne se vante jamais, la modestie est inutile.

— Pour ça, c'est vrai... Je fais ce que je puis, à quoi sert de se vanter...? Donc je vous ai entendus et vous disiez qu'il vous serait plus agréable de voyager avec un peu plus de liberté d'allures et formiez le projet de vous séparer pour quelque temps de la caravane, à condition, déclariez-vous d'une façon très nette, que cette idée eût mon agrément.

— Pour rien au monde nous ne voudrions vous contrister.

— Hé! bien, mon cher ami, rien n'est plus facile que de vous mettre tous deux à votre aise. Mon plan est d'aborder Katunga ou Rakka en faisant un long arc de cercle qui me fera remonter au Niger, le long des frontières du Dahomey, du Borghou et du Yarribah, et suivant presque la route du voyageur Clapperton, il me faudra quatre mois au moins pour atteindre le point que je viens de vous indiquer. C'est plus de temps qu'il ne vous en faut pour visiter le Yébou et vous rendre à petites journées, avec toutes les stations qu'il vous plaira de vous accorder, au lieu que nous allons choisir comme rendez-vous. J'ajouterai que la route que je vais parcourir a déjà été suivie par les frères Lander, tandis que celle qui traverse directement le Yébou n'a encore été foulée par aucun Européen... Que dites-vous de mon idée?

— Je dis, mon cher Adams, qu'avec votre amabilité habituelle, vous comblez tous nos vœux.

— Reste maintenant la question pratique. Comment voulez-vous composer votre petite caravane?

— Je m'en rapporte complètement à vous.

— Bien ! Je vais vous organiser cela. Lucius reste votre compagnon, cela va sans dire ; il vous faut un interprète, le meilleur de notre troupe est Ourano, sa qualité d'obi vous fera du reste bien accueillir et respecter partout. Il ne fera pas difficulté de vous suivre, car il vous est beaucoup plus attaché qu'à moi. Un blanc est de toute nécessité maintenant, pour commander la petite troupe de guerriers béniniens que je vais mettre à votre service : que dites-vous de l'Irlandais Patrick ?

— Mais, capitaine, vous nous comblez !

— Il vous faut un homme sûr, et surtout qui vous accompagne avec plaisir. L'Irlandais fera parfaitement votre affaire, il est attaché à votre service depuis le commencement du voyage, et vous devez savoir à quel point il est dévoué....

J'ordonnerais à un de mes Américains de vous suivre, il ne ferait pas l'ombre d'une réflexion, mais il obéirait par discipline, tandis que Patrick obéira avec joie.

— Nous ne savons comment vous remercier, mon cher ami.

— Attendez, ce n'est pas fini. Il vous faut encore M. Jims pour compléter votre petite troupe.

— Nous ne consentirons jamais à vous priver de ses services.

— Mais vous ne me privez en rien, tous nos marins savent faire la cuisine américaine et vous savez que je préfère beaucoup la simplicité de leurs préparations aux mets prétentieux de M. Jims, qui se croit un artiste parce qu'il a travaillé sur le continent; dans tous les cas, nous trouvons le moyen de nous satisfaire des deux côtés, moi en mangeant les ragoûts de nos matelots; vous ceux du cuisinier que vous avez un peu façonné à vos goûts.

— Il n'y a pas moyen de discuter avec vous, vous avez toujours raison.

— Je vais vous choisir maintenant quinze guerriers que j'armerai chacun d'une carabine à répétition et d'un révolver, plus dix esclaves pour porter la pacotille de coutellerie et de boîtes à musique dont vous allez avoir besoin pour faire des cadeaux aux différents chefs que vous allez rencontrer sur votre chemin, et vous voilà au grand complet. Avec Ourano, vous pouvez être assurés que, dans tout le Yébou, on recevra bien les amis de l'oba d'Ouéni. Si vous étiez attaqués, ce ne pourrait être que par des maraudeurs ; en ce cas, les 95 coups de révolver et les 75 coups de carabine, dont vos guerriers disposeront sans recharger leurs armes, seront plus que suffisants pour les mettre en déroute. Je dis plus, pas un des obas, si le Yébou est divisé en plusieurs monarchies, ce que j'ignore, n'osera s'attaquer à vous, tellement est grand, ainsi que vous pouvez le voir vous-mêmes, le prestige des armes nouvelles sur l'esprit des noirs.

— Ne croyez-vous pas que ce peut être imprudent de confier de telles armes aux Béniniens.

— Qu'avez-vous à redouter ? qu'ils vous abandonnent pour s'approprier ces armes, vous oubliez les otages appartenant à la famille royale qui sont à bord de la *Sarah* ; l'oba d'Ouéni, qui ne plaisante pas, ferait immédiatement mettre à mort tous les parents des hommes qui se seraient enfuis et confisquerait tous leurs biens... Qu'en dit le chef ? fit le capitaine à Ourano qui venait d'entrer.

— Le capitaine a raison.

— Maintenant, laissez-moi vous dire qu'ils n'auront même pas cette tentation, car je vais leur annoncer que s'ils vous servent avec fidélité ces armes deviendront leur propriété à la fin du voyage. Vous savez que ce n'est également qu'au retour qu'ils doivent toucher leur salaire, et puis ne comptez-vous pour rien la présence d'Ourano, un des chefs de leur nation : tout concourt à en faire des hommes absolument dévoués, toutes les heureuses chances, tous les profits qui peuvent leur échoir sont du côté de la fidélité, tout ce qui peut leur advenir de mauvais est du côté de la trahison.

Ourano, mis au courant de la situation, se montra enchanté de rester avec nous et confirma tous les dires du capitaine.

— Ajoutons à tout cela fit Adams en terminant, que vous avez chacun une voiture à bœufs, deux chevaux infatigables, et si vous ne faites pas un voyage, si non exempt de danger, du moins exempt de trop grandes fatigues, c'est que vous serez bien mal favorisés du sort.

— Il ne nous reste plus qu'à fixer notre point de jonction, mon cher Adams.

— Rien n'est plus facile, répondit notre ami, en se faisant apporter sa carte. Dans quatre mois à partir de ce jour, trouvez-vous à Ka-

tunga. Si nous ne sommes pas encore arrivés,
attendez-nous dans cette ville ; si nous sommes
arrivés avant vous et que nous ayons été obligés,
pour un motif ou pour un autre, de continuer
notre marche, des instructions spéciales lais-
sées à Katunga vous diront si c'est sur Rakka
ou sur Kiama que vous devez vous diriger ; c'est
dans une de ces deux villes que dans tous les
cas possibles je m'arrêterai pour vous attendre.
Sur ce, Messieurs, fit en se levant le capitaine,
je vous laisse pour aller faire mes préparatifs
et les vôtres.

Une heure après les guerriers béniniens, fiers
du rôle qu'on leur destinait et surtout des nouvelles armes qu'ils avaient reçues, venaient se
ranger autour de notre tente, tandis qu'à quelques pas de là, les esclaves porteurs s'accrou-
pissaient près de leurs fardeaux.

Ces populations sont d'enragées noctambu-
les, il leur suffit du plus léger prétexte pour
passer la nuit, à causer et à chanter. Le chan-
gement survenu dans la situation de la petite
troupe de noirs qui allaient nous accompagner
suffit à les mettre en joie, bien que la condition
des esclaves ne fût modifiée en rien, et ils payè-
rent une troupe de griots qui vinrent nous ber-
cer de leurs chants nasillards et monotones jusqu'à une heure avancée de la nuit.

Il est inutile de dire que ce furent nos louanges que les susdits griots chantèrent à tue-tête avec accompagnement de tam-tam, jusqu'à épuisement. Rien n'était amusant comme de les entendre proclamer, en tapant comme des sourds sur une vieille calebasse couverte d'une peau de singe : « Que nous étions des *grands mondes* dans notre pays, que nous avions beaucoup de femmes, beaucoup d'enfants, beaucoup d'esclaves, beaucoup de champs de millet, de riz et de maïs. »

Puis nous étions « forts comme les éléphants contre nos ennemis, courageux comme le lion, agile comme le chat-tigre, gracieux comme la gazelle ». La litanie dura un quart d'heure, presque tout le règne animal y passa.

Chacun de nous eut alors son couplet particulier. Pour ma part, et par allusion sans doute à mon aventure d'Imbodou, je fus représenté comme une sorte d'Hercule venu sur la terre des noirs pour détruire les caïmans, la quantité qu'on m'en fit massacrer dépasse toute permission et après de pareils exploits, il ne devait plus rester de tinsabs dans la contrée.

Sous peine de manquer à toutes les convenances, nous étions obligés d'arroser de temps en temps le gosier des ménestrels ; alors nous soulevant dans nos hamacs, nous appelions

Charly et envoyions un verre de rhum à chacun des griots, qui poussaient des hurrahs frénétiques et reprenaient de plus belle.

« Les bons blancs sont venus apporter à
leurs amis noirs de l'*aloughou* (rhum) qui ré-
chauffe le ventre et fait remuer les jambes et
la langue.

» L'aloughou est un gris-gris contre la mort
pour celui qui en boit tous les jours ; l'aloughou
a été donné aux bons blancs par les esprits ; l'a-
loughou est le sang du soleil !

» Ehio ! Hoé ! Houkaha ! pour les bons blancs,
qui ont apporté à leurs amis noirs le remède
contre toutes les maladies, l'aloughou roi de toutes les liqueurs. »

Nous finîmes par nous endormir malgré l'é-
trange tapage qui nous entourait. Quand nous
ouvrîmes les yeux, il faisait grand jour ; le petit Charly, qui nous observait de la porte de la
tente, tourna sur ses talons et revint immédiatement avec M. Jims qui nous annonça que
le capitaine était parti dans la direction de
l'ouest au lever du soleil.

— Parti sans nous serrer la main, dit Lucius
au comble de l'étonnement.

— Sous sa rude enveloppe se cache une sen-
sibilité peu commune, répondis-je à mon jeune
ami. Il aura voulu éviter la scène des adieux,

notre long entretien d'hier soir lui aura paru,
avec raison, devoir en tenir lieu.

— Voici ce que le capitaine a laissé pour vous,
gentelman, me dit le brave Jims ; il ajouta
d'un ton solennel : Il m'a recommandé de bien
veiller sur vous.

Le papier que me tendait notre maître cook
contenait ces mots.

« Go head (en avant), dans quatre mois à
Katunga. »

En quittant la tente, j'aperçus une grande
quantité de caisses de toutes formes et de toutes grandeurs, déposées sous la garde de Patrick, je fus ému jusqu'aux larmes, et compris
encore mieux la délicatesse du départ d'Adams.
Il nous avait laissé en nous quittant ses provisions les meilleures et les plus fines, et s'était
hâté de se soustraire à nos remerciements.

Les guerriers de notre escorte et les esclaves
porteurs accroupis à quelques pas de là sous
des touffes de palmiers, attendaient nos ordres.

J'ordonnai de rentrer tous les bagages, les
munitions, nos approvisionnements et des marchandises d'échange sous la tente, et fis placer
un guerrier à l'entrée pour en éloigner les maraudeurs.

Patrick fut présenté à la troupe de Béniniens
par Ourano comme le chef auquel je leur ordon-

nais d'obéir et je fis savoir à tous qu'ils auraient, en cas d'absence de ma part, à reconnaître l'autorité de Lucius, et que si d'aventure
nous venions à manquer tous les deux, Patrick
nous remplacerait de droit pendant tout le
temps de notre éloignement.

En voyant donner une pareille importance à
son camarade, M. Jims ne put contenir sa mauvaise humeur. J'ai déjà expliqué dans la première partie de ce voyage [1] que notre cuisinier
était un mulâtre né dans notre ancienne colonie
d'Amérique, la Louisiane. Le brave homme
prétendait avoir du sang français dans les vei-
nes, *attendu,* vous racontait-il, que son grand
père était né sur l'habitation de M. Desfossé,
des œuvres du fils de la maison avec une jeune
négresse qu'il avait distinguée... Dans la pensée de Jims, cela lui constituait un titre de noblesse qui le plaçait bien au-dessus de cette
brute d'Irischman, comme il appelait Patrick.
Cela donna lieu par la suite à des scènes de
haut comique, entre les deux adversaires, qui
ne cessèrent jamais d'être amis, car un goût
très prononcé pour le wisky et le rhum les
réunissait tous deux. Je dois dire cependant à
leur louange qu'ils ne se grisaient jamais com-

---

1. *Voyage aux rives du Niger.*

plètement, moins par sobriété que par la capacité qu'ils possédaient de boire indéfiniment...

Enfin l'un buvait comme un Américain, Jims, l'autre comme un Irlandais, Patrick. Et je crois qu'il faut s'en tenir là, car on chercherait vainement des termes de comparaison plus énergiques. La seule différence qu'il y eût dans leur manière de boire consistait en ce que Patrick buvait le wisky et le rhum tels qu'il les trouvait dans les flancs de sa bouteille, tandis que Jims y mettait un peu de sucre et une pincée d'épices, décorant sa boisson des noms de *wisky-cocktail*, *rhum* ou *gin-cocktail*.

Quand le brave mulâtre avait préparé son breuvage, il avait pris l'habitude du temps d'Adams, d'en mesurer des quantités égales dans trois verres qu'il nous apportait sur un plateau ; le capitaine ne manquait jamais d'accepter ce *drink* national, inutile de dire que Lucius et moi nous remerciions le mulâtre d'un geste, et que ce dernier s'appliquait en supplément les deux verres qu'il persistait à préparer de nouveau tous les matins. Je lui fis connaître que je le dispensais dorénavant de cette formalité, et qu'il pouvait prendre son gin ou son wisky sans craindre de nous froisser en ne nous en offrant pas.

Jusqu'à présent je m'étais peu occupé du

personnel qui nous accompagnait. Adams l'avait conservé directement sous ses ordres, et je n'avais à intervenir en rien dans la direction à lui imprimer ; les circonstances étaient changées, toute la responsabilité de la route à suivre, des mesures à prendre pour notre sûreté, m'incombaient dorénavant, et après avoir installé cette hiérarchie du commandement, sans laquelle une caravane, si petite qu'elle soit, ne saurait rester unie longtemps, je pris sur moi de faire un véritable coup d'autorité, en annonçant à Jims et à Patrick qu'ils auraient à se contenter dorénavant d'un décilitre chacun de rhum ou de wisky tous les jours ; je fis valoir, pour ne pas les froisser, la petite quantité de l'approvisionnement et la longueur du voyage, et ils prirent la chose assez bien. Mais mon principal but, qui était de ménager leur santé, ne fut pas atteint, car ils remplacèrent la qualité par la quantité, et s'adonnèrent au vin de palmier, au jus d'orange fermenté et aux différentes boissons nègres dont ils ne manquaient jamais.

Après avoir donné mes premiers ordres, j'annonçai à mes gens qu'ils pouvaient vaquer à leurs occupations habituelles, mon intention étant de séjourner encore un jour ou deux à Tchadé.

Je ne voulais pas, en effet, partir à l'aventure et sans être entouré de tous les renseignements utiles que je pourrais récolter sur la meilleure route à suivre pour visiter le Yébou.

Je me rendis avec Lucius et Ourano sur le champ de foire, où tous les marchands que la présence d'Adams, avait attirés d'Imbodou continuaient leurs échanges pour ne pas aller s'installer de nouveau dans la ville béninienne dont le marché tirait à sa fin. Le pays me parut devoir être fort riche en or, car après ce que le capitaine en avait enlevé, je remarquai que presque toutes les transactions se faisaient avec le précieux métal, ce qui ne laissa pas que de nous étonner beaucoup. Le chef du village, Obi-Tchadé, nous apprit que le matin même il en était arrivé de grandes quantités, d'un lieu qu'il appela Dembah. Je demandai s'il serait possible de m'y faire conduire, mais on me répondit que les habitants avaient obtenu de l'oba la permission d'interdire leur territoire aux étrangers, ils payent une forte redevance pour cela, et que les blancs trouveraient encore moins facilement à pénétrer chez eux que les autres.

Je dus donc me contenter, sur cette partie du Yébou, des renseignements qu'Obi-Tchadé et Ourano voulurent bien me donner.

D'après eux, le village de Dembah est situé
à dix journées de marche de Tchadé, dans la
direction du nord-est, au milieu d'une vaste
plaine, entourée de très hautes montagnes qui
laissent échapper de leurs flancs, boisés jusqu'à
mi-côte et nus et décharnés au sommet, une
foule de ruisseaux, torrents et rivières dont les
uns se perdent dans la terre au bout de quelques milles, et les autres se réunissent pour
former un fleuve d'une certaine importance
comme profondeur mais qui se jette à quelques
lieues de ses sources seulement dans un grand.
lac connu sous le nom de Coro-Dembah.

Il paraît que, dans cette contrée, l'or se rencontre en trois endroits différents : d'abord dans
les montagnes où les nègres creusent des trous
profonds et exploitent l'or en mine, puis auprès des rivières, des cours d'eau, des torrents,
des cascades, où l'eau, par la force naturelle de
son cours, entraîne l'or des montagnes et de
tous les lieux élevés où il gît avec abondance,
et enfin près du lac, où le fleuve en débordant à
chaque saison pluvieuse, entraîne partout dans
les terres l'or que ses différents affluents lui
apportent des entrailles de la montagne.

Lorsqu'il a beaucoup plu la nuit, on voit dès
le matin un grand nombre de femmes nègres
avec une grande et une petite calebasse à la

main ; elles remplissent la première de terre et de sable, etc., remuant cela à tout moment dans l'eau fraîche, jusqu'à ce que toute la terre en soit partie. S'il y a de l'or parmi, il demeure au fond de la calebasse ; cet or est vidé par elles dans la petite calebasse, et elles recommencent à remplir la grande de terre et à remuer, continuant cet exercice tant qu'elles trouvent de l'or.

Une journée de travail ordinaire leur rapporte de cinq cents à deux mille cauris d'or, soit de cinquante centimes à deux francs, un ogbodi ou un boguao en monnaie du pays ; les journées exceptionnelles, comme elles n'en font pas une par mois, vont à six mille, quelquefois douze mille cauris, soit cinq ou dix francs, un quart ou un demi-hégouékoua. Enfin il leur arrive, peut-être une fois dans leur vie, de ramasser dans une journée pour un quart ou un demi-hoké d'or, c'est-à-dire pour une valeur de 50 à 60 francs.

Les noirs qui travaillent aux mines de la montagne en trouvent de beaucoup plus grandes quantités, et souvent d'énormes pépites qui valent plusieurs milliers de francs, mais les redevances à l'oba, aux obis ou chefs, aux gangas et à toute la race des mendiants officiels, — car l'Afrique a le bonheur de posséder des

9.

classes dirigeantes — ont vite fait de réduire à rien leurs bénéfices.

L'or que l'on récolte ainsi, et dont on montre divers échantillons au marché de Tchadé, a deux formes différentes ; le premier, presque aussi fin que de la farine, se nomme *poudre d'or*, et est très prisé en raison de sa pureté. L'autre consiste en morceaux de différentes grandeurs qui vont communément du poids d'un gramme à celui de dix, et, par exception, à cinquante, cent, cinq cents, mille grammes, s'appelle *or de mine*. Lorsqu'il est fondu, il a plus de consistance que l'or en poudre, et la touche en est meilleure, mais le grand nombre de petites pierres qui y sont incrustées fait qu'on y perd beaucoup en le fondant, et c'est pour cela que l'or en poudre qui ne laisse pas de déchet est préféré.

J'ai trouvé à Tchadé et dans tout le Yébou, une espèce de monnaie, à valeur de convention, qui a cours pour tous les achats et transactions que les nègres font entre eux. Ils fondent de l'argent ou du cuivre avec de l'or, en font des barres de forme circulaire dans lesquelles ils découpent des rondelles de grosseurs différentes. On va au bazar avec ces petits morceaux d'alliage à un titre d'or très faible, on peut y faire ce qu'on appelle son marché, c'est-à-dire

acheter du poisson, des poules, de la viande,
des fruits, des légumes et payer avec ce genre
de pièces dont les femmes nègres connaissent si bien la valeur qu'elles les acceptent pour
une valeur représentative, sans les peser,
comme nous agissons en Europe avec notre
monnaie.

On m'a dit que les noirs du Yébou étaient
fort habiles à falsifier l'or pour se tromper
entre eux. Ils fabriquent des lingots offrant
toute l'apparence de l'or pur, car il y en a une
certaine quantité à la surface, mais tout l'intérieur n'est que du cuivre et souvent du fer.

Ils fabriquent encore une espèce d'or faux
avec un mélange de cuivre et de poussière de
corail qu'ils fondent ensemble ; ils mélangent
également leur or en poudre avec de la limaille
de cuivre, mais la partie fausse de cette poussière ne tarde pas à perdre son lustre.

Mais ces naïfs falsificateurs ne se trompent
qu'entre eux, les Européens ne s'y laissent pas
prendre. Ainsi, pendant tout le temps qu'Adams
avait opéré ses échanges, il n'avait accepté la
poudre d'or qu'après l'avoir éprouvée dans un
réactif liquide dont il avait eu soin de se munir,
connaissant de longue date le pays où il venait
commercer. Quant aux lingots, il les coupait en
quatre, en huit, en dix morceaux, à l'aide d'un

instrument spécial, passait chaque morceau à la pierre de touche et ne déclarait l'échange conclu qu'après s'être assuré, par ces diverses expériences, qu'il n'avait pas été trompé sur la qualité de l'or livré. Je dois dire que les noirs de Tchadé n'essayèrent même pas de mettre sa perspicacité en défaut.

Obi-Tchadé, le chef du district, était un homme d'une intelligence vraiment supérieure, relativement à la plupart de ses compatriotes; il avait fait plusieurs voyages au Bénin, et chaque fois était descendu jusqu'à l'embouchure de la rivière de Formose; il avait déjà vu une certaine quantité d'Européens, non dans son village, où nous étions les premiers qui s'y fussent encore hasardés, mais à la côte de Noun, où il avait chaque fois séjourné pendant quelque temps. Aussi, à l'arrivée du capitaine, n'avait-il soulevé aucune de ces difficultés que tous les roitelets nègres opposent d'ordinaire à l'entrée des blancs sur leur territoire, à seule fin de faire payer plus cher l'autorisation qu'ils finissent toujours par donner; il s'était contenté de recevoir le cadeau qu'Adams lui avait offert selon l'usage, seulement en nous permettant l'entrée du pays, il avait expédié un émissaire à son suzerain l'oba, ou *roi des rois* du Yébou.

Ce souverain habitait dans sa capitale Hodé-

Yébou, à six jours de marche de Tchadé, dans
le nord-ouest. D'après l'obi, le capitaine n'allait pas tarder, s'il ne se dirigeait pas sur Hodé-
Yébou, de recevoir du roi l'ordre de changer
de route et de venir lui rendre visite, et il n'é-
tait pas bien sûr que l'oba ne nous fît point tenir la même injonction.

— Je la recevrai avec plaisir, répondis-je au
chef, mon intention, en quittant Tchadé, étant
de me diriger sur la capitale du Yébou.

Mon interlocuteur m'affirma que je ne pouvais pas avoir une meilleure idée, car me dit-il :

— Quand tu auras été l'hôte de l'oba, toi et
les tiens vous serez *fétiches* (sacrés) pour tous
les gens du Yébou.

— Et penses-tu, dis-je au chef en continuant
la conversation sur ce sujet, que nous soyons
bien reçus du roi.

— Oba-Ochoué sera content de voir un blanc
venir dans sa capitale, je crois qu'il n'en a jamais vu. Maintenant, si tu veux m'écouter, je
puis te donner un bon conseil ; envoie un messager devant toi pour demander à l'oba de te
donner une audience, et il en sera très flatté.

— Il faut six jours, dis-tu, pour aller à Hodé-
Yébou, autant alors pour en revenir, je ne puis
cependant pas attendre la réponse du roi pendant douze jours à Tchadé.

— Il faut ce temps-là pour une caravane qui transporte des marchandises et qui est obligée de laisser reposer ses esclaves, mais les otounés qui ne s'arrêtent que pour manger et dormir deux ou trois heures, vont à Hodé-Yébou et en reviennent en cinq jours.

Ourano m'expliqua que les otounés étaient des coureurs formés dès l'enfance pour transporter au loin les messages des rois et des chefs, mais autorisés à se louer aux particuliers, quand ils n'étaient pas retenus par le service royal.

Je me rendis sans peine à l'avis qui m'était donné, et l'obi de Tchadé, ayant fait prévenir un de ces coureurs, je le chargeai d'un message pour l'oba, dont il promit de me rapporter la réponse dans les cinq jours qui allaient suivre.

Le chef me promit, pour m'aider à tuer le temps, de me conduire à une chasse à l'inoki. A la description qu'il me fit de cet animal, je reconnus le gorille, ce grand singe des forêts de l'Afrique centrale sur lequel on a fait en Europe tant de récits singuliers et merveilleux. Je lui répondis que j'acceptais la partie avec le plus vif plaisir, et afin d'avoir du temps devant nous, car nous devions bien passer trois ou quatre jours en forêt, il fut séance tenante convenu que nous nous mettrions en route le lendemain au lever du soleil.

Notre conversation avait lieu sur la place où se tenait le bazar ou marché ordinaire du village, le lieu autour était abrité par trois énormes sycomores, dont l'ombrage répandait une délicieuse fraîcheur; de leur énorme tronc s'étendaient dans une direction horizontale, des branches d'une longueur démesurée qui couvraient de leur feuillage impénétrable aux rayons du soleil, un espace suffisant pour contenir tous les habitants de Tchadé. Il est certain que sous les masses de verdure que développe un seul sycomore, un régiment tout entier pourrait camper à l'aise.

C'est un des arbres les plus utiles du centre de l'Afrique. Les voyageurs y trouvent une station favorable où ils peuvent respirer un air relativement tempéré et se désaltérer avec les fruits de l'arbre même, qui ont exactement la forme de la figue, sans en avoir la délicate saveur.

Tels qu'ils sont cependant, ils rendent d'énormes services, car ils sont juteux et frais à la bouche.

En quittant le chef, je lui promis d'être exact au rendez-vous. Je devais n'emmener avec moi que Lucius et Ourano, et six de nos guerriers béniniens avec leurs armes de précision ; l'obi se chargeait de réunir les cinquante ou soixante rabatteurs qui devaient aller traquer l'animal sous bois.

Les noirs ne consentent à rechercher les pistes de cette dangereuse bête que par groupes de dix, de façon à être en nombre suffisant pour se défendre s'ils viennent à être attaqués à l'improviste. Malgré les dangers de cette chasse, le chef m'affirma qu'il ne manquerait pas d'hommes.

Je tenais beaucoup à voir en face un de ces singes, que d'aucuns regardent comme nos ancêtres dans le règne animal, aussi fis-je annoncer par l'obi que je ferais un beau cadeau à l'escouade qui m'en ferait tuer un.

Le soir même, presque tous les jeunes hommes du village étaient venus s'offrir pour nous accompagner.

En rentrant au campement, nous eûmes, Lucius et moi, à apaiser un grave débat qui s'était élevé dans notre domesticité intérieure.

On se souvient qu'à notre entrée dans le Formose, le vieux chef Obi-Arobo, père d'Ourano, nous avait fait présent de deux charmantes esclaves, Zennah et Kanoun, que nous avions été obligés de garder pour ne pas déplaire à celui qui nous les offrait. Zennah s'était d'elle-même attachée à mon service et Kanoun à celui de Lucius. Lors de notre passage à Ouéni, capi-

tale du Bénin, l'oba, pour remercier Lucius
d'un magnifique narguileh qu'il lui avait
donné, moi d'un costume chamarré d'or acheté
au Temple qui avait appartenu à un suisse
de cathédrale ou à un sénateur, nous avait
fait présent à chacun de deux des plus jeunes
et des plus belles esclaves de son troupeau
féminin.

C'est le cadeau que vous fait le plus facilement un roi nègre, car pour lui il est sans valeur. Quand il veut des esclaves, il n'a qu'à les
prendre, et, dans l'intérieur surtout, une jeune
fille aussi belle, aussi parfaite de formes qu'elle
puisse être, ne vaut pas pour le roi une douzaine de capsules. Je dis pour le roi, car depuis
l'abolition de la traite, les princes de l'intérieur ne pouvant plus échanger leurs belles
et brunes filles contre du rhum et des armes,
ils tiennent beaucoup moins à elles que nous ne
tenons à nos chiens en Europe. Aussi ne se
passe-t-il pas d'année qu'ils n'en sacrifient des
centaines, des milliers même, suivant la puissance du monarque, devant la statue des dieux
et sur les tombeaux des ancêtres.

Saisissons une fois de plus l'occasion d'admirer l'esprit pratique des Anglais.

Autrefois, une esclave jeune et valide valait
jusqu'à quinze cents francs en marchandises

sur les marchés de la côte, une belle Nigritienne
de quatorze à dix-huit ans valait souvent deux
mille francs et plus. Ce prix s'augmentait par
le transport et les bénéfices du traitant. Un
solide noir de vingt ans allait dans les mêmes
prix.

En remplaçant la *traite* par *l'embarquement
des engagés libres* qui sont *forcés* de travailler
dans les colonies anglaises, nos bons amis de
l'alliance intime ont obtenu ce double résultat :
de priver de travailleurs les colonies des autres,
et de conduire à bas prix dans les leurs, puisqu'ils ne les achètent plus, des engagés *libres*,
qui n'ont d'autre *liberté* que celle de travailler
par force.

Donc, l'oba d'Ouéni nous avait donné quatre
jeunes esclaves que nous avions été obligés
d'accepter, notre refus eût été leur arrêt de
mort, le roi les eût sacrifiées de sa propre main
dans les fêtes données à l'occasion de notre
arrivée. Nous ne les avions gardées que pour
leur sauver la vie et les soustraire à l'horrible
préjugé qui, dans le cas contraire, les destinait
au supplice. Tout esclave, en effet, donné par le
roi, en cas de refus du donataire, est immédiatement mis à mort, et son sang répandu sur
les tombeaux des ancêtres.

En devenant notre propriété, les pauvres

filles s'étaient accroupies près de nous avec de grosses larmes dans les yeux et toutes frémissantes du sort terrible qui les attendait, car il est bon de dire que la basse classe nègre, dans toutes ces contrées, est persuadée que tous les noirs achetés par les blancs ne sont envoyés dans d'autres pays que pour y être mangés.

Pour rassurer ces fillettes qui nous regardaient avec les yeux effarouchés d'une biche surprise par un tigre, nous leur avions fait à chacune une caresse qui, dans les mœurs du Bénin, les élevait à la dignité de concubines. Il suffisait de placer une de leurs mains sur notre cœur, et d'appuyer nos lèvres sur une mèche de leurs cheveux; malgré cela elles restaient esclaves et nous n'étions nullement obligés de pousser plus loin la cérémonie, mais elles avaient conquis le droit absolu d'être traitées comme si elles partageaient la couche du maître. Zennah et Kanoun occupaient déjà cette situation et reçurent les nouvelles venues comme des servantes; les jeunes béniniennes les prenant pour des favorites acceptèrent d'abord le rôle effacé qui leur était laissé, les choses devaient changer dès qu'elles allaient s'apercevoir que Zennah et Kanoun n'étaient pas plus qu'elles admises dans notre *intimité*.

Cela alla bien jusqu'à Imbodou; pendant les

cinq jours que nous mîmes à atteindre ce village,
les deux esclaves qui nous venaient d'Arobo
avaient, en le prenant, conquis le droit de se
reposer dans nos charrettes à bœufs, les autres
suivaient à pied, et rien n'aurait modifié les
conditions respectives où elles se trouvaient si
Lucius n'eût succombé, le second jour de notre
arrivée à Imbodou, au tendre sentiment que lui
avait inspiré la plus jeune des deux captives
que lui avait données l'oba d'Ouéni.

Motza, ainsi se nommait la jeune fille, était
vierge quand elle avait partagé la couche de
Lucius, et, d'après les usages du pays, cela lui
donnait un double titre à faire descendre au
second rang toutes les autres esclaves, qu'elles
aient été ou non déjà distinguées par le maître.

Motza régnait donc en maîtresse depuis deux
ou trois jours sous la tente de Lucius, et la
douce Kanoun s'était soumise malgré son
chagrin.

La nuit qui suivit le triomphe de la jeune
négresse, je m'éveillai avec le vague sentiment
que je n'étais pas seul sur la couche de feuillage
que je faisais préparer tous les soirs dans un
coin de ma tente, j'étendis la main et sentis
une chair douce et moite qui sembla prise d'un
léger tremblement à mon contact.

— Qui est là? fis-je à mi-voix.

— C'est moi, Zennah, ne me grondez pas, massa, répondit la pauvrette.

— Je n'en ai pas l'envie, lui dis-je, et pour la rassurer je passai une main caressante sur sa brune chevelure... pourquoi es-tu venue te coucher près de moi ?

— Kanoun n'est plus maîtresse sous la tente, Kanoun esclave de Motza.

Ces paroles suffirent à éclairer toute la situation... et fort heureusement, car le peu que je savais de la langue du Bénin, c'est-à-dire une cinquantaine de mots, ne pouvait pas me permettre une longue conversation.

La pauvre Zennah ne s'était glissée près de moi que pour acquérir des droits qui lui fissent éviter le sort de son amie Kanoun. Je la rassurai de mon mieux, mais, pour la satisfaire, je fus obligé de lui permettre de jouer à la favorite. A partir de ce jour, elle vint chaque soir coucher sous ma tente, et je pus constater que les suivantes, lui croyant des droits indiscutables, ne cherchèrent jamais à se soustraire à son autorité.

Après ces préliminaires obligés, j'arrive au fait. En regagnant notre campement après avoir quitté Obi-Tchadé, nous trouvâmes tout notre personnel féminin en révolution. Kanoun avait quitté la tente de Lucius et s'était réfugiée dans la mienne auprès de Zennah. Quand nous parûmes, cette dernière, qui paraissait prendre son amie sous sa protection, était en train de se disputer avec Motza ; toutes deux, l'œil en feu, se montraient le poing, en grinçant des dents, et en seraient infailliblement venues aux mains, sans le majestueux Jims, qui accouru au premier bruit, se tenait entre elles deux les bras étendus, prêt à les séparer, et leur prêchait la conciliation dans le plus singulier langage.

— Allons! allons ! disait-il en anglais comme si elles eussent pu le comprendre... vous vous conduisez comme des personnes de la plus mauvaise éducation ; cela ne m'étonne pas, je n'ai jamais rien connu d'aussi méchant et d'aussi têtu que les négresses,... là, tout de suite les griffes en avant comme des bêtes féroces !... Voyons, expliquez-vous... je vous préviens que vous ne vous battrez pas comme cela en l'absence de vos maîtres... Malgré l'éloquence de Jims, nous arrivâmes à point nommé pour empêcher la lutte de commencer.

L'origine de la dispute était tout entière dans cette question de préséance qui leur tenait tant à cœur. Motza, pour mieux asseoir son autorité, avait donné un ordre à Kanoun. Cette dernière avait nettement refusé de l'exécuter, et Motza avait souffleté Kanoun.

Les deux parties plaidèrent tour à tour leur cause par l'entremise d'Ourano.

Motza déclara avec d'autant plus d'assurance que les unions au Bénin ne sont pas soumises à beaucoup de formalités, qu'elle était la femme du blanc, puisque des quatre esclaves qu'il possédait, il n'avait connu qu'elle, et qu'elle était vierge; qu'alors les trois autres femmes étaient ses esclaves et devaient lui obéir, et que si elles ne lui obéissaient pas, elle, Motza, avait le droit de les châtier.

J'avais toutes les peines du monde à ne point rire, mais Lucius écoutait sérieusement sa favorite, et bien que très fâché qu'elle eût frappé Kanoun, il ne se sentait point le courage de la blâmer.

— Mon cher, lui dis-je en souriant, vous n'êtes pas dans cet état d'indépendance qui constitue l'impartialité du juge, laissez-moi terminer cette contestation.

J'annonçai alors aux deux plaignantes que, comme chef de la caravane, il m'appartenait de prononcer sur leur différend. Une certaine inquiétude s'empara immédiatement du joli visage de Motza. Par contre Kanoun se montra plus rassurée. Pour les deux pauvrettes c'était une véritable affaire d'État. Je donnai la parole à l'amie de Zennah. La jeune fille répondit sim-

plement qu'elle habitait la tente de Lucius
avant son adversaire, que son maître ne l'avait
jamais frappée et que ce n'était pas à une esclave comme elle qu'il appartenait de la corriger
si elle faisait mal. Que, du reste, elle n'était
pas née dans la servitude, étant fille d'homme
libre et de race royale.

Zennah et Kanoun, ainsi que je l'ai expliqué
dans le premier volume de ce voyage, avaient
été comprises dans la disgrâce de leurs parents
dans une de ces révolutions de palais si communes dans le Soudan.

Quand tous les moyens, dires et contredits
eurent été épuisés de part et d'autre, je pris
l'air grave qui convenait à un aussi important
débat, et j'annonçai que j'allais faire connaître
ma sentence.

Je déclarai que Motza avait eu tort de frapper Kanoun, et que pour mettre fin à la rivalité
des deux jeunes filles, Kanoun habiterait dorénavant sous ma tente avec son amie Zennah.

Lorsque Ourano traduisit la première partie
de mon arrêt, la belle Motza poussa un cri et
courut se réfugier près de Lucius, pour implorer sa protection ; le talion règne en maître
dans ces contrées, et elle crut tout d'abord
qu'elle allait être condamnée à recevoir un
soufflet de Kanoun. Mais la conclusion arran-

gea tout le monde, et il m'arriva pour cette
décision officieuse de voir, ce que je n'ai pas
rencontré souvent dans ma carrière de magis-
trat, deux parties également satisfaites du jugement rendu, et disant toutes deux comme
Motza et Kanoun : « J'ai gagné mon procès ».

Seulement, comme je ne voulais pas changer
ma tente en gynécée, j'envoyai à Lucius, à
titre d'échange les deux négresses que m'avait
données le roi d'Ouéni ; elles ne furent point
contrariées de rejoindre leurs compagnes, et la
despotique Motza fut enchantée d'avoir à qui
commander sans conteste.

Tout naturellement le lecteur se fera peut-
être cette réflexion : Pourquoi s'embarrasser de
ces six négresses pour un voyage dans l'intérieur du Yébou. En admettant que Lucius tînt
à conserver sa beauté noire, pourquoi ne pas
rendre la liberté aux cinq autres à la première
occasion favorable.

Je désire ne pas être accusé de traîner un
harem avec moi, et une lecture attentive des
pages qui précèdent pourrait suffire à m'éviter
ce reproche. Il est bon cependant de résumer
nos motifs, et dans une forme plus brève, de
les rendre plus saisissants.

Si quelque esprit chagrin pouvait reprocher
Motza à Lucius, il voudrait bien se souvenir

que mon jeune ami avait à peine vingt-deux
ans, c'est la seule explication que je me per-
mette d'offrir sur ce point ; je passe à des con-
sidérations moins particulières.

Au Bénin, au Yébou, dans toutes les contrées
que nous allions parcourir, la tache de l'esclave
est originelle. L'esclave n'y reçoit jamais la liberté, et le mot d'affranchissement n'existe pas
dans la langue.

Tout esclave abandonné par son maître est
recueilli par un autre à qui il va de lui-même
s'offrir.

Si l'esclave ne se choisit pas un nouveau pa-
tron, il est immédiatement saisi par ordre du
roi ou du chef, et livré aux prêtres qui le sacrifient à la première fête publique ou à la première cérémonie religieuse.

Abandonner nos jeunes esclaves, c'était les
vouer à une mort odieuse et certaine.

De plus, à propos du plus mince cadeau que
vous leur faites, souvent même par caprice, ou
encore parce qu'ils ne s'imaginent pas que l'Européen puisse se passer de femmes, les rois
nègres vous envoient des esclaves ; les refuser
sans motif constitue une injure et les malheureuses que vous avez dédaignées sont immédiatement destinées, comme dans le cas précédent, à être offertes en sacrifice sur les autels.

En conservant nos négresses, cela nous permettait de dire à tous les obis et obas que nous rencontrions :

— Ne nous donne pas d'esclaves, nous en possédons plus qu'il ne nous en faut pour notre service, un plus grand nombre serait un sérieux embarras pour nous.

J'ajouterai qu'en outre ces six jeunes filles nous étaient d'un très précieux secours, elles tendaient notre tente, avaient soin de notre linge, de nos vêtements, pilaient les menus grains dont elles nous faisaient des galettes pour remplacer le pain et possédaient dans la fabrication du couscous, une habileté à laquelle le digne M. Jims ne put jamais atteindre, et enfin plus tard, comme on le verra, lorsque nous subîmes les attaques de cet épouvantable climat auquel aucun Européen ne peut se soustraire, c'est à leurs soins empressés, c'est à cette tendresse pour l'être souffrant innée chez la femme, quelle que soit sa couleur, que nous dûmes, alors que nous revînmes quatre sur dix-sept de ce terrible voyage, d'être au nombre de ces quatre-là.

D'avance, du reste, nous nous étions inquiétés du sort que nous ferions à ces braves filles. Notre intention était, en arrivant dans le Borghou, de confier Zennah et Kanoun à la première cara-

vane en route pour le Soudan, et de les renvoyer
à Ouaday où elles étaient nées ; les quatre autres
provenant de la libéralité du roi de Bénin devaient être, au retour, déposées par nous sur
une terre française de la côte d'Afrique, Gorée,
Dakar ou Saint-Louis du Sénégal, où la liberté que nous devions leur donner ne serait
point leur arrêt de mort.

Obi-Tchadé vint passer la soirée près de nous.
Il nous offrit des noix de coco, et nous recon-
nûmes son attention par des cigares et un verre
de rhum.

Pour nous, suivant notre habitude, nous fu-
mions des cigarettes roulées dans des feuilles
de pandanus, tout en prenant du thé que nous
préparions nous-mêmes, et pour cause. Jims,
élevé en Amérique, n'arrivait jamais à nous servir sous ce nom qu'une mixture trouble et sans
saveur.

Rien n'est singulier comme certaines remarques de détail que fait le voyageur. Qu'on ne
croie pas à une plaisanterie, je parle très sérieusement. Il semblerait que la caractéristique
des Anglo-Saxons est de ne savoir faire ni le
café ni le thé. Je ne prétends pas qu'on ne peut
trouver une bonne tasse de café ou de thé en
Angleterre ou en Amérique, je dis simplement
qu'en général les Anglais et les Américains ne

savent pas faire ces deux boissons; leurs infu-
sions de ces substances, au lieu de vous présenter ces belles couleurs, claires et dorées, qui
en constituent toute la délicatesse, ressemblent
toujours à de l'eau dans laquelle on aurait fait
cuire des châtaignes ; or les gourmets savent
que c'est surtout du thé et du café qu'on peut
dire : « Pas de couleur, pas de saveur. »

Nous passâmes une partie de notre soirée à
causer avec l'obi du roi de Hodé-Yébou; de ce
monarque dépendait le sort de notre voyage, il
pouvait nous interdire de parcourir ses états
ou nous couvrir d'une protection qui nous sui-
vrait jusqu'aux limites extrêmes du Yarribah,
car tous les petits rois de l'intérieur recon-
naissaient sa suzeraineté.

Les noirs sont en général grands conteurs, et
le chef de Tchadé mis sur le compte de son souverain, pendant plusieurs heures ne tarit pas
de récits et d'anecdotes des plus singulières.

Je vais en rapporter quelques-uns ; rien ne
montre mieux à mon sens ce que sont les rois
despotiques du Centre-Afrique, qui sont ou bons
ou cruels suivant le caprice du moment, et ne
connaissent d'autre frein, d'autre loi, que leur
volonté.

Les Africains ne privent pas l'éléphant comme
les Asiatiques, ce n'est pas que l'animal ne s'y

prête point ; ils préfèrent le tuer pour prendre
ses défenses et manger sa chair. Cependant à
la cour de l'oba du Yébou, on en entretient toujours quelques-uns, à titre de curiosité. Quand
le roi a pris à la chasse un animal de cette espèce, il l'envoie dans un des districts de son
royaume et les habitants sont tenus de le dres-
ser et de le nourrir jusqu'à ce qu'il plaise au
maître de se souvenir qu'il le leur a confié, et
que le désir lui vienne de le faire venir à la
cour.

A ce sujet et pour nous montrer avec quelle
frayeur respectueuse les Yébous s'approchent
de leur roi, Obi-Tchadé nous conta ce qui suit :

L'oba avait un jour envoyé un éléphant dans
un district du Nord nommé Tyrâ-Hakou (village de Tyrâ) ; l'animal, arrivé chez les habitants
de cette contrée, prenait et dévorait tout ce qu'il
trouvait à son gré. Il poussait même l'insolence
jusqu'à enlever la nourriture des mains de ceux
qui la préparaient, ou qui prenaient leurs
repas.

Personne, par peur du roi, n'osait se débarrasser de l'incommode animal. Cependant le
village était petit et pauvre, cet hôte importun
était une grande charge pour tous les habitants. Ces derniers se rendirent auprès de l'obi
de Tyrâ pour lui présenter leurs doléances.

— Quel ennemi, lui dirent-ils, le roi nous a
envoyé avec son éléphant. Pourquoi, lorsqu'il te
l'a fait parvenir, ne l'as-tu pas renvoyé en faisant observer que nous étions des gens pauvres,
incapables d'élever sa bête. Tu as reçu ce pa-
rasite et tu nous l'as amené. Il dévore nos provisions, il est nuit et jour à tout détruire. Débar-
rasse-nous de cette maudite bête, ou nous la
tuons, et ce sera sur toi, qui est l'obi de ce pays,
que retombera la colère du roi.

— Comment voulez-vous, répondit le chef
que j'ose annoncer à notre maître que vous ne
voulez plus de sa bête, je ne saurais dire deux
mots en sa présence, tellement il est puissant.
S'il n'est pas dans ses jours de bonne humeur,
il est dans le cas de me faire sauter la tête.

— Conduis-moi avec toi, réplique aussitôt
un des habitants, qui voulait se faire passer
pour plus courageux que les autres ; si tu as
peur, moi je parlerai à l'oba. Seulement comme
tu es chef et que l'on me ferait taire si je pre-
nais la parole avant toi, je te demande d'ouvrir
le discours par un seul mot, moi je continuerai.

— Et quel mot faudra-t-il prononcer?

— Tu n'auras qu'à dire : « L'éléphant » !...
alors le roi voyant que tu te tais te dira : « Hé !
bien, l'éléphant, qu'est-ce qu'il a ?... » et moi je
me charge de lui répondre.

— Comment cela ?

— Je lui dirai : L'éléphant est un vilain animal qui mange tout ce que nous possédons, qui fait ceci, qui fait cela... enfin tu verras comme je saurai bien m'en tirer.

— Alors tu viens avec moi à Hodé-Yébou, fit le chef un peu rassuré.

— Je te suis partout où tu iras.

Nos deux compagnons font leurs préparatifs et partent.

Or il advint qu'ils entrèrent dans la capitale un jour de fête. Arrivés à la porte du palais de l'oba, ils virent venir un chef militaire à cheval, entouré d'un grand cortège, les tams-tams battirent, les trompettes de roseau firent entendre leurs sons guerriers, le chef s'approcha en grande tenue, avec ses armes et tous ses gris-gris.

— Voilà l'oba, fit le Yébou orateur à son chef.

— Non, répondit un assistant, ce n'est qu'un simple capitaine des guerres.

Et le chef commença à trembler de tous ses membres, se repentant de la mission qu'il avait acceptée.

— Hélas, dit-il, qu'allons-nous devenir ! si ce n'est là qu'un simple capitaine : comment donc est l'oba ?

— Que crains-tu, répondit l'autre, ne suis-je pas là, moi, pour te soutenir.

Ils en étaient là lorsque arriva un plus grand officier encore, précédé d'une troupe considérable de soldats ; il était vêtu de ses plus précieux vêtements et manœuvrait un grand sabre qui lançait des éclairs au soleil, les tams-tams et les trompettes résonnaient à assourdir la foule qui se pressait sur ses pas ; toute une troupe de cavaliers le suivait.

— Bien sûr, voilà l'oba, fit le malheureux chef stupéfait.

— Non, lui fut-il répondu dans la foule, ce n'est que l'abda qui commande sa garde.

Notre pauvre obi fut de plus en plus interdit, le cœur lui battait dans la poitrine et il se sentait incapable d'aller plus loin.

L'autre pendant ce temps-là ne cessait de lui dire : — Allons, courage, si tu trembles comme cela, tu ne pourras même pas dire ton mot.

— Je l'ai oublié, répondit l'obi en soupirant.

— L'éléphant ! l'éléphant ! l'éléphant ! souviens-toi bien que tu n'as qu'à dire : L'éléphant !

Enfin le chef de toute l'armée déboucha sur la place escorté d'une foule de cavaliers en tenue de parade, au milieu d'un tapage infernal de cris et de chants accompagnés par le bruit des tam-tams et des trompettes.

— Nous sommes perdus, fit le pauvre obi, plus mort que vif; cette fois c'est l'oba.

Quand le malheureux apprit que ce n'était pas encore le roi, il fut sur le point de s'évanouir, une sueur abondante perlait sur son visage.

Le Yébou orateur commença à devenir sérieux, il ne trouvait plus la situation aussi commode, mais il continua à afficher la plus grande aisance, ne voulant pas avoir l'air de reculer après toutes ses fanfaronnades.

Tout à coup l'oba sortit de l'intérieur de son palais; pour cette fois, ce fut un bouleversement général, un tintamarre effroyable, la terre tremblait au fracas infernal du grand tambour de guerre et du piétinement des chevaux, il semblait que le ciel allait s'écrouler.

L'oba s'arrêta et les soldats se rangèrent en ligne; les deux compères tout hébétés se trouvèrent sur le passage du roi.

— Que veulent ces gens-là? fit-il en fronçant les sourcils.

— Que Dieu protège notre maître et le rende victorieux de ses ennemis! criait la foule.

A une seconde demande du roi, le pauvre obi appela à lui tout son courage et se mit à balbutier : — L'éléphant!...

— Eh bien! qu'est-ce qu'il a, l'éléphant? fit l'oba.

L'obi avait repris un peu d'assurance, en voyant que le regard de son maître n'avait pas suffi pour l'anéantir; il se mit à cligner de l'œil et à pousser son compagnon; peine perdue, le Yébou orateur, à demi mort de frayeur, avait perdu la parole.

— Allons, fit l'obi à voix basse, je t'ai ouvert le discours, parle donc où nous sommes perdus. Tous ses efforts furent vains, l'orateur resta bouche close.

— Voyons, fit de nouveau l'oba, qu'est-ce qu'a donc l'éléphant? J'espère qu'il n'a pas dépéri entre vos mains?

En entendant ces paroles, le chef craignit que l'oba ne lui fît un mauvais parti si l'animal qu'il lui avait confié n'était pas en bon état, aussi la peur, par un phénomène contraire, lui rendit tout à coup la voix qu'elle lui avait fait perdre, et il s'empressa de répondre :

— L'éléphant, magnanime souverain, l'éléphant est plein de santé, il est... il est très heureux, dans notre village, mais il s'ennuie.

— Et pourquoi s'ennuie-t-il?

L'obi était bien décidé à répondre : « Parce qu'il est loin de la face de l'illustre maître du Yébou, » mais sa langue s'embarrassa, il sentit que ses idées commençaient à tourbillonner dans son cerveau, et il répondit sans trop savoir ce qu'il disait :

— Il s'ennuie... il s'ennuie parce qu'il est seul, il faudrait qu'il eût un autre éléphant pour lui tenir compagnie.

— Qu'on leur donne un autre éléphant, répondit l'oba, et il leur tourna le dos pour commencer la revue de ses troupes. On les hébergea au palais, puis le cornac du prince leur amena un autre éléphant, et les deux pauvres diables reprirent le chemin de leur village.

— Qu'est cela ! dirent les habitants, en les voyant arriver dans cet équipage, nous vous envoyons pour nous débarrasser d'un éléphant et vous nous en ramenez un second !

— Mes amis, dit l'orateur, qui avait retrouvé sa langue, nous avons dans notre obi l'homme qui, sur toute la terre, a le plus d'aplomb et de sang-froid, il a osé parler à l'oba au milieu de tous ses chefs de guerre, de ses soldats, au bruit des tams-tams et des trompettes qui éclataient comme le tonnerre, et pendant que l'oba l'écoutait ses yeux lançaient des éclairs et pour nous récompenser, il nous a donné un autre éléphant. Remercions Dieu de nous avoir donné un pareil obi.

Cette anecdote nous montre quel sentiment

de crainte respectueuse les habitants du Yébou éprouvent pour leur souverain. En écoutant le chef de Tchadé me la narrer, je ne pus m'empêcher de réfléchir à la singulière composition de cette pâte qui forme le cerveau humain, sorte de cire molle qui se façonne aux bons comme aux mauvais instincts. Voilà des gens qui osent à peine lever les yeux, articuler une parole devant un de leurs semblables, parce qu'il leur apparaît avec des plumes sur la tête, entouré de soldats, au son des tambourins et des trompettes de rose 1, *et qu'on l'appelle roi !*... et qui, à la première fête publique, égorgeraient froidement, au bruit des mêmes tams tams et des mêmes trompettes, d'autres hommes, leurs semblables, *parce qu'on les appelle des esclaves.*

Et ceci n'est pas spécial à un point isolé de l'Afrique. Tous les peuples, aussi bien ceux qui se sont éteints sans avoir pu atteindre cette évolution supérieure de l'esprit humain qu'on nomme la civilisation, que ceux qui ont pu y parvenir, ont débuté ainsi dans la vie. Tous les Asiatiques, les vieux Indous en tête, qui plus tard devaient civiliser le monde entier, les Chaldéens, les Égyptiens, les Grecs, les Latins, les Gaulois, nos ancêtres, les Germains, les Scandinaves ont honoré leurs dieux et célébré leurs fêtes avec des sacrifices humains.

Mais, mystère insondable, qui donc alors que
les mœurs barbares, placées sous la sauvegarde
du prêtre et du roi étaient comme l'essence des
sociétés primitives, qui donc, malgré les classes
dirigeantes d'alors qui en vivaient, malgré la
foule abrutie qui tenait à ses coutumes séculaires de toute la force de son ignorance, qui
donc insensiblement, mais avec une sûreté de
marche que rien n'a pu arrêter, a poussé tous
ces peuples dans la voie de l'apaisement, du
respect de la vie humaine, et de l'égalité des
hommes ?

Les spiritualistes disent : Dieu.

Les sociologues répondent : la tradition, l'é-
ducation, la lutte pour le progrès.

Mais la tradition, mais l'éducation, mais la
lutte pour le progrès ont commencé dans le
sang... Il y avait donc un germe de réaction
vers le bien dans le cerveau de l'humanité, et
ce germe où l'a-t-elle puisé ?

Je ne sais ce qu'est Dieu.

Je ne sais ce qu'est la nature.

Je ne sais ce que sont ces lois générales dont
les matérialistes voient partout l'évolution fatale
et progressive, sur les causes de tout ce qui
existe ; mais ce que je sais, c'est qu'en vertu des
lois qui sont la base même de notre raison,
rien ne naîtra de rien ! et que si l'homme n'avait

point possédé dès sa naissance le germe de ces
semences fécondes qui de la barbarie l'ont
poussé vers le progrès et le bien, ce n'est pas la
sociologie qui les aurait développées dans un
cerveau vide...

— Est-ce que vous dormiez les yeux ouverts
comme les lièvres de mon pays? me dit tout à
coup Lucius, voilà un quart d'heure que vous ne
semblez plus de ce monde.

— C'est vrai, lui répondis-je, j'avais quitté
le Yébou et voguais à pleines voiles dans l'histoire de l'humanité.

Je prêtai de nouveau l'oreille aux récits de
l'obi, qui ne tarissait point sur les hauts faits
de son souverain. Je transcris ceux qui me parurent les plus originaux, et les plus propres à
faire connaître le caractère de ce roi despotique,
que nous allions visiter sous peu.

L'anecdote suivante vous montrera l'oba
dans ses beaux jours.

Sur les confins du Yébou et du Yarribah se
trouvent des populations plus simples encore
d'intelligence que les gens de Tyra et nommés
les Chaoudis.

Or donc ils avaient un obi ou gouverneur qui
les tyrannisait et les rançonnait à outrance, prenait leurs biens et tout ce qui lui plaisait et nul
n'osait aller se plaindre à l'oba, car on redou-

tait les suites de la colère du gouverneur. Puis
on était si loin, si loin de cet oba fabuleux,
qu'on le confondait avec les fétiches, qu'on
priait sans les avoir jamais vus, et que le bruit
s'était accrédité dans la foule, que ce puissant
roi des rois n'habitait pas sur cette terre.

Ce gouverneur ayant un jour complètement
dépouillé et réduit à la misère un Chaoudi, ce
dernier quitta le pays où il ne pouvait plus
vivre, pour errer à l'aventure. Après avoir
marché pendant de longs jours, il rencontra un
habitant de Ilodé-Yébou qui voyageait pour ses
affaires, et retournait en ce moment dans la
capitale.

Le Chaoudi l'apostrophe et après lui avoir
adressé ses souhaits, lui demanda, selon l'usage,
d'où il vient et où il va.

Le voyageur répond à cette question, et ensuite il dit à son homme :

— Toi, qui es-tu ?

— Je suis de la tribu des Chaoudis.

— D'où viens-tu ?

— D'Hodé-Chaoudi (de la ville des Chaoudis).

— Où vas-tu?

— Je ne sais où je vais.

— Comment cela ?

— Je m'enfuis chassé par l'injustice et les
spoliations dont j'ai été victime.

— Qui t'a mis dans cette extrémité ?

— Notre gouverneur.

— Pourquoi ne vas-tu pas te plaindre à l'oba? Il te ferait restituer ce qu'on t'a pris.

— C'est donc vrai qu'il y a un oba qui est au-dessus de notre gouverneur?

— Cela est vrai.

— Et où se trouve-t-il?

— Dans sa capitale, à Hodé-Yébou.

— Qui donc pourrait me conduire près de lui?

— Moi !

— Tiendras-tu ta parole?

— Tu n'as qu'à me suivre.

Ils se mettent en route, et arrivent après un certain temps à Hodé-Yébou.

Le voyageur conduit le Chaoudi au palais de l'oba.

— Ne crains rien, lui dit-il, et aborde-le comme si c'était ton père.

— Que veux-tu? fit l'oba en apercevant l'étranger.

— Bonjour, père, fit le Chaoudi en saluant le roi, comme de pair à compagnon. On m'a assuré que tu étais assez puissant pour faire peur à notre gouverneur; il m'a maltraité, m'a pris tout ce que je possédais, m'a ruiné. Si tu peux vraiment, comme on me l'a dit, l'obliger à restituer ce qu'il m'a pris, fais-moi-le rendre : voilà ce que j'avais à te dire.

L'oba se mit à rire de la simplicité du bon-homme, et il envoya immédiatement, par un de ses chefs militaires, assisté d'une escorte, ordre au gouverneur du pays de Chaoudi de se rendre de suite auprès de lui.

En cas de refus de sa part, l'officier chargé du message devait l'amener par la force.

— En attendant, puisque je suis ton père, continua l'oba qui était en bonne humeur, tu vas loger dans une des dépendances du pa-lais.

De longs jours se passent, enfin le gouver-neur arrive, et apercevant le plaignant près du roi, il lui lança un regard de colère. Le pauvre Chaoudi, transi de frayeur, se cache le visage avec ses deux mains et, oubliant la présence de l'oba, son protecteur, il s'écria :

— Non ! Non ! Je te couvre les deux yeux avec deux vaches de quatre ans... ne te venge pas de moi, ce n'est pas ma faute, si on m'a amené ici.

Cette expression : Je te couvre les yeux avec... (le présent peut consister en vaches, moutons, chevaux, etc.), est employée dans toute la Ni-gritie, pour implorer grâce devant un plus puissant que soi ; cela signifie : je te donne ceci pour le placer entre la colère de tes yeux et moi, afin que tu t'apaises.

A cette exclamation du Chaoudi, l'oba se mit à rire encore plus fort que la première fois, en voyant tant de simplicité. Mais, prenant bientôt un visage sévère, et s'adressant au gouverneur, il lui dit :

— Quoi ! n'as-tu donc nulle honte et nulle peur de moi, pour tyranniser ainsi ces pauvres gens, qui sont bons, simples et sans expérience. Ils sont trop loin d'ici pour venir se plaindre, ils ne connaissent que toi et te craignent tellement que, même en ma présence, tu les fais trembler ?

Le gouverneur comprit que ce n'était pas le moment de s'excuser, il se borna à implorer son pardon.

En voyant cet homme, qu'il redoutait pardessus tout, se mettre à plat ventre devant l'oba, le brave Chaoudi s'écria plein d'allégresse :

— Celui-là est bien le roi puissant qui commande à tous les chefs, puisque cet homme se couche dans la poussière devant lui, comme un esclave, — et il se réjouissait de l'humiliation de son ennemi.

— Combien t'a-t-il pris ? fit alors l'oba au Chaoudi. Ce dernier détailla alors la valeur de tout ce qui lui avait été enlevé.

— Je te condamne à lui rendre tout ceci au double, fit le gouverneur, et, pendant que tu vas rester prisonnier dans ta maison, je vais envoyer un de mes officiers dans ta province, pour recueillir toutes les plaintes qui peuvent s'élever contre toi, et je te jure que si tu ne peux pas tout rendre, *tu rendras ta vie* à ceux que tu as dépouillés.

Le gouverneur courut dans sa maison, car tous les chefs possèdent un palais dans le lieu de résidence du roi, où ils séjournent pendant le temps que l'oba les appelle à son service, et rapporta la somme à laquelle il avait été condamné. Quand ils sont dans leur gouvernement, toute leur famille reste à l'habitation comme otage du roi, toutes leurs richesses s'y trouvent également et peuvent être confisquées en cas de trahison. Le Chaoudi fut donc restitué sur-le-champ au double de tout ce qu'il avait perdu.

— Ce n'est pas assez, fit l'oba, donne-lui encore ton cheval, il n'est pas juste qu'un aussi brave homme aille à pied.

Et il commanda immédiatement au Chaoudi de grimper sur la monture qui devenait sa propriété. Notre homme hésitait, il avait peur.

— Faites-le monter à cheval, dit l'oba, riant de plus belle, à ceux qui l'entouraient.

Le Chaoudi obéit et fait quelques pas en

avant, mais la bête, qui était de pure race, se
mit à regimber en se sentant sur le dos un ca-
valier aussi novice.

— Père, s'écrie alors le pauvre diable, mais
vous me tuez, ce n'est pas là de la justice; moi,
je n'ai jamais monté à cheval de ma vie.

Le roi se tordait de joie.

— Eh bien! dit-il au gouverneur, donne lui
encore la valeur de ton cheval.

Le Chaoudi descendit de sa monture et reçut
encore un magnifique cadeau. De retour dans
sa tribu, il dit à ses compatriotes :

— Mes amis, j'ai trouvé notre père, c'est lui
qui sait en imposer à notre gouverneur. Il m'a
traité on ne peut mieux. C'est mon ami maintenant. S'il y a quelqu'un de vous qui ait à se
plaindre de quelques vexations, qu'il aille le
trouver, et s'il n'ose pas y aller seul, je me
charge de le conduire et de le faire arriver
à lui.

Le brave homme pensa qu'il devait montrer
sa reconnaissance à l'oba. Il avait une fille très
jolie, et, s'étant mis dans la tête qu'elle pourrait
bien convenir à son nouvel ami, il la lui conduisit et lui dit :

— Père, voilà tout ce que j'ai de plus précieux au monde, beaucoup de prétendants me
l'ont demandée en mariage, je n'ai pas voulu

la leur donner, mais je te la présente à toi, en retour du grand service que tu m'as rendu. Si elle te plaît, je te la cède pour femme.

L'oba regarde la jeune fille, la trouve à son goût, et de suite les accords du mariage sont conclus.

C'est la première fois, dit en terminant l'obi de Tchadé, qu'on voyait un oba, épouser une fille de la caste des cultivateurs.

Ainsi qu'on le voit, même au Bénin il y a eu des rois qui ont épousé des bergères.

Mais parfois l'oba n'est pas d'aussi bonne humeur avec les petits et les humbles ; malheur à ceux qui tombent chez lui, quand il n'est pas aussi bien disposé, comme en témoignent les exemples qui vont suivre. Ses plaisanteries sont tantôt bizarres, tantôt sauvages ou cruelles suivant l'impression du moment.

Les Yébous sont d'insatiables fumeurs ; ils ont une telle passion, un tel amour pour la pipe qu'ils ne la quittent pas d'un instant ; cette habitude passe chez eux avant tous leurs besoins.

Un jour un certain nombre d'entre eux, habitants de la campagne, à qui il ne restait plus rien après avoir satisfait la rapacité des collecteurs d'impôts, se dirent :

— Quoi ! nous ne possédons pas même quel-

ques cauris pour acheter du tabac, et c'est par
l'ordre de l'oba, que nous sommes réduits à
cette misérable situation ; bien sûr que s'il le
savait, il ne permettrait pas que ses officiers
nous volent ainsi. Allons le trouver, nous lui
exposerons nos plaintes et nous lui demanderons de nous donner au moins du tabac pour
fumer.

Ils se mettent en route, et lui exposent le sujet de leur requête. L'oba, qui n'était pas ce
jour-là en veine de justice, feignit de ne pas
faire attention aux justes plaintes des pauvres
gens, contre ses agents prévaricateurs et se
mettant dans une violente colère, leur dit :

— Comment ! vous osez vous présenter devant moi pour me demander du tabac ! me pre-
nez-vous pour un marchand ? Hé bien ! je vais
vous en donner et en dose suffisante.

Aussitôt, par ordre du prince, on fabrique
avec de la terre à brique une espèce de tonne
de 4 coudées de haut, on compte les sollici-
teurs, ils étaient au nombre de dix ; on remplit
de tabac la tonne-pipe, on arrange par-dessus
une masse de charbon et sur la circonférence
on pratique dix trous auxquels on adapte dix
cannes en jonc percées dans toute leur longueur.

L'oba ordonna aux dix fumeurs de s'asseoir

autour de la pipe et de fumer les tuyaux de
jonc jusqu'à ce que le tabac fût entièrement
consumé. Aucun des dix ne pouvait se retirer
tant qu'il resterait un seul brin de tabac.

Dès que l'appareil est terminé, on souffle sur
les charbons pour les bien allumer, nos dix
hommes s'asseyent, et on leur ordonne de se
mettre en fonction.

Au bout d'une demi-heure, les fumeurs dé-
clarent qu'ils en ont assez, ils veulent se lever
et partir.

— Vous avez voulu du tabac, leur répond
l'oba, fumez.

Les campagnards se remettent à leurs tuyaux
de jonc, et fument pendant une demi-heure
encore.

— Nous n'en pouvons plus, disent-ils alors,
permets-nous de nous retirer.

— Vous fumerez tout ou vous aurez le cou
coupé, poursuit le roi impassible.

La sueur ruisselle sur le visage des patients ;
ils fument, fument toujours, les yeux fixés sur
les sabres étincelants des soldats qui les entourent. Bientôt, ils n'ont plus conscience de rien,
et un à un, ils tombent étourdis et comme
morts.

Après d'horribles souffrances, et au bout de
deux jours seulement, ils revinrent un peu à eux.

L'oba les fit ramener près de la tonne plus d'aux trois quarts pleine, il ordonna qu'elle fût rallumée, et les contraignit à fumer de nouveau.

Bientôt un d'eux se leva abandonnant sa place et dit :

— Oba, je n'en puis plus, je préfère la mort.

Sur un signe du roi, un yatagan brilla dans l'air comme un éclair et la tête du malheureux roula dans la poussière.

Les neuf autres se remirent à fumer avec rage, mais bientôt un second se déclara incapable de continuer.

Il eut le même sort que le précédent.

Le troisième, le quatrième, n'obtinrent pas grâce davantage.

Et ainsi des autres.

Quand il n'en resta plus qu'un, l'oba le considéra quelques instants, et dit à ses soldats avec un rire féroce.

— Laissez-le aller, qu'il retourne dans sa tribu, apprendre à ceux qui seraient tentés de les imiter, ce qu'il en coûte à venir demander du tabac au roi.

Ceux qui vinrent demander du miel eurent plus de chance, fit l'obi qui, enchanté de ses succès comme conteur, ne demandait qu'à continuer.

Voici l'aventure des gens au miel, elle ressemble tellement à la précédente, qu'elle est peut-être l'œuvre de quelque *griot* courtisan, qui aura voulu détruire pour la foule, le mauvais effet produit par le triste sort des pauvres fumeurs.

Deux pauvres Yébous habitant un pays tellement aride que les abeilles, privées de fleurs, ne s'y étaient point fixées, entendirent un jour raconter que le miel était la chose la plus délicieuse que l'on puisse manger. Ils n'avaient jamais, de leur vivant, l'occasion d'en goûter ni même d'en voir.

Ils convinrent entre eux, devant faire un voyage à Hodé-Yébou, de se présenter à l'oba, et de lui demander du miel. Chose dite, chose faite; ils vont en arrivant se placer près du palais pour attendre la sortie du roi.

Dès qu'ils l'aperçurent, ils se prosternèrent à ses pieds, le front dans la poussière, n'osant élever la voix avant que le maître ne les eût aperçus.

— Qui êtes-vous, que faites-vous là? leur dit l'oba étonné de voir nos personnages rester aussi longtemps dans la posture suppliante qu'ils avaient prise.

— Nous sommes des malheureux, de pauvres gens.

— Que voulez-vous ?

— Notre pays est sablonneux.

— Hé bien ! fit l'oba avec impatience, qu'est-ce que vous voulez que j'y fasse ? prétendez-vous que je vous enlève votre sable, et que je le remplace par de la terre fertile ?

— Non, maître, nous ne demandons point cela.

— Expliquez-vous vite, ou je vous fais donner à chacun cent coups de bâton.

— Hélas ! la majesté de ton visage nous effraie. Si tu nous parles ainsi, nous ne saurons plus retrouver nos idées.

— Je vous fais couper la tête à tous deux, si vous ne me dites sur-le-champ le sujet qui vous amène près de moi.

— Dans notre pays où il ne pousse pas de fleurs, les abeilles ne viennent pas, et nous n'avons point de miel. Cependant nous voudrions bien en goûter, car nous n'avons jamais eu le plaisir d'en voir et nous sommes venus auprès de toi, notre maître, pour te prier de nous en régaler.

L'oba, qui était dans ses beaux jours, se mit à rire, et se retournant vers les officiers de sa suite ; il leur dit :

— Renfermez ces deux hommes dans une des chambres du palais, et que pendant quinze jours on ne les nourrisse qu'avec du miel !

L'ordre fut exécuté sur-le-champ.

Sur le soir du premier jour, l'oba les fit venir près de lui.

— Hé bien ! fit-il, êtes-vous contents de votre nourriture ?

— Quelle bonne idée, maître, répondirent les deux campagnards, nous avons eue de venir auprès de toi, jamais rien d'aussi bon n'a paru sur la terre, que la chose que tu nous as fait donner.

— Retirez-vous et mangez à votre aise, on vous en servira autant que vous en pourrez consommer.

Le lendemain, même jeu.

— Trouvez-vous toujours le miel aussi bon ?

Les pauvres diables répondirent en hésitant qu'ils n'avaient jamais rien vu d'aussi délicieux.

Le troisième jour, à la question du roi, ils ne purent que balbutier :

— Oui, c'est bon, très bon.

— Qu'on les remmène encore, fit l'oba que cette aventure faisait rire jusqu'aux larmes.

Le quatrième jour, ils restèrent interdits, n'osant articuler un mot, mais leur piteuse mine parlait pour eux, ils étaient faibles et défaits au point de ne pouvoir se tenir debout.

— Est-ce que le miel ne vous paraîtrait plus aussi succulent ? fit le roi.

— Ah ! maître, fais-nous donner à manger un peu de couscouss, et laisse-nous retourner dans notre pays.

— N'êtes-vous donc pas venus ici pour que je vous régale de miel.

— Malheur à nous d'avoir voulu goûter à la nourriture du roi ; les dieux nous ont puni de notre envie. Depuis hier, nous n'avons pu avaler un seul morceau de miel ?

— Est-ce qu'on ne vous en aurait pas donné ? qui donc a osé enfreindre mes ordres ?

— Maître, on nous en a donné, mais en l'approchant de notre bouche, le cœur nous manquait... laisse-nous partir ou nous allons mourir de faim.

— J'y consens, fit l'oba trouvant l'épreuve suffisante, mais à l'avenir ne quittez plus votre village pour un motif aussi futile.

Il leur fit servir alors du couscouss avec des poules, et quand ils furent bien restaurés, il les renvoya, en leur faisant cadeau à chacun d'une vache laitière.

— Ah ! mes amis, firent les deux Yébous, dès qu'ils arrivèrent près de leurs compatriotes, comme les apparences sont trompeuses : notre oba qui a l'air terrible est le meilleur maître qui existe, mais le miel qui a l'air si doux est la pire de toutes les nourritures.

Ces gens-là, fit l'obi, qui assaisonnait la fin de tous ses récits de réflexions personnelles, gagnèrent deux vaches à leur voyage, mais ceux qui portèrent à l'oba des oignons, des ails et du piment, n'eurent pas lieu d'être aussi satisfaits : vous allez en juger.

— Est-ce que le brave chef de Tchadé va nous tenir ainsi jusqu'à demain matin ? fit Lucius, qui avait hâte de retourner sous sa tente.

— Je vous avoue que, pour moi, il m'intéresse beaucoup, répondis-je. D'abord, il nous apprend ce qu'est le souverain auquel nous allons probablement être présentés, et ce n'est pas une petite chose que de connaître le caractère d'un roi nègre qui peut nous faire couper le cou ou nous combler de présents selon son bon plaisir, et puis je retrouve dans ces anecdotes ample matière à d'autres études. Il est clair pour moi qu'Obi-Tchadé vogue en ce moment dans la légende qui s'est brodée autour de son roi grâce aux chants des griots ; mais souvent on étudie mieux les caractères intimes des peuples primitifs par leur légende que par leur histoire ; l'histoire n'existe pas du reste au Yébou, et puisque nous n'avons pas le choix, écoutons la légende... à moins que vous ne préfériez, fis-je en plaisantant, aller rejoindre la brune Motza ?

Mon jeune compagnon se mit à rire et laissa le chef continuer son récit.

Trois paysans assez pauvres de bien et d'esprit avaient semé, l'un des oignons, l'autre des ails, et l'autre des piments rouges.

Ils eurent une si belle récolte, qu'il leur vint dans la cervelle de faire présent à l'oba de quelques-uns de leurs produits. Chacun prit alors une charge de son légume, la lia sur son âne, et tous trois prirent le chemin d'Hodé-Yébou.

Arrivés dans la capitale, nos hommes se présentent immédiatement au palais de l'oba.

— Que veulent ces six imbéciles? fit le roi, traitant sur le même pied les trois ânes et leurs conducteurs.

— Maîtres, nous avons eu une si belle récolte d'ails, d'oignons et de piment, que nous avons pensé à venir auprès de toi, pour t'offrir un peu de ce que la terre dont tu es le seigneur, nous a donné.

— Qui m'a amené des fous de cette espèce? s'écrie aussitôt Oba-Ochoué, entrant dans une furieuse colère. Comment! ils sont venus ici me présenter de pareilles choses! Qu'on les enferme, et qu'on ne leur donne à manger que de leurs cadeaux.

L'ordre fut immédiatement exécuté, les trois paysans furent emprisonnés, et leur réclusion dura deux ans, et pendant tout ce temps on ne leur donna d'autre nourriture que des oignons, des ails et du piment, ainsi que l'avait ordonné l'oba. L'un sortit malade de la lèpre, l'autre d'éléphantiasis, le troisième plus robuste était en assez bonne santé.

De cette époque, ajoute Obi-Tchadé, en souvenir des mangeurs de miel et des mangeurs d'ail, quand un étranger se présente dans un village, et qu'il ignore comment il sera traité, il commence par dire : « Me recevez-vous avec du miel ou avec des ails ? » Si on lui répond : « Nous te recevrons avec du miel, » il reste ; dans le cas contraire, il passe sans s'arrêter.

— Quand nous serons devant l'oba, fis-je à Lucius, nous lui demanderons de même s'il désire nous traiter au miel ou à l'ail.

Ne recevant pas de réponse, j'étendis la main vers le pliant de toile sur lequel le jeune homme devait être comme moi étendu, car l'obscurité était telle qu'on ne pouvait distinguer le moindre objet à deux pas devant soi... Mon compagnon n'était plus là. Je l'excusai, à son âge, les légendes nègres n'ont pas l'attrait d'une jolie femme. Pour moi c'était différent. Les lecteurs qui ont bien voulu me suivre dans mes différents voyages de l'Inde, au Japon, en Chine, dans les deux Amériques et en Océanie, savent

que partout je donne le pas sur toutes les autres
moissons que peut faire le voyageur, aux légendes, mœurs, croyances et superstitions religieuses des populations que je visite. Chaque
fois qu'un rapsode dans l'Inde, ou un oréro en
Océanie m'est tombé sous la main, j'ai toujours laissé aller le conteur jusqu'à épuisement.

Obi-Tchadé, voyant l'attention que je lui prê-
tais, ne demandait qu'à continuer; du reste, les
cigares et le rhum le mettaient en belle humeur,
et il devait s'imaginer (ce en quoi il n'avait pas
tout à fait tort) qu'en continuant ses récits, il
acquerrait de nouveaux titres à de nouvelles
rasades de la précieuse liqueur.

— Notre oba, me dit-il, est sans pitié pour
les malfaiteurs.

Je le crois sans peine, me dis-je à moi-même,
il veut supprimer la concurrence.

— Il est, continua le chef, d'une habileté
rare pour les découvrir. Si tu le désires, je
vais te conter l'histoire des tiroubas.

— Qu'est-ce que les tiroubas? demandai-je
à Ourano.

— Ce sont ces oiseaux qui volent par bandes
et que tu vas si souvent chasser le matin.

— Je comprends, ce sont des perdrix; tu
peux dire au chef que je l'écoute.

Mon enragé conteur avala un verre d'aloughou et ne se fit pas prier.

Un jour, un envoyé du roi de Douma (Dahomey) vint se présenter à la cour de Hodé-Yébou ; on le reçut avec honneur, et on lui fit servir à manger. Parmi les mets se trouvaient deux perdrix cuites dans leur jus. A cette vue le messager se troubla et refusa d'en manger. L'oba étonné lui demanda quel motif pouvait le faire dédaigner ce plat.

Notre homme balbutie quelques mots ; il paraît sous le coup d'une terreur profonde et refuse de s'expliquer.

— Qu'on enferme cet homme, dit l'oba, il y a quelque mystère là-dessous, et je le veux connaître, je pressens que les fétiches m'ont envoyé quelque grand criminel pour que j'en fasse justice.

— Je me plaindrai à mon maître, fit l'envoyé avec hauteur.

— Si puissant qu'il soit, répondit l'oba, il ne viendra pas t'arracher de mes mains. Allons, qu'on l'emprisonne sur l'heure, et qu'on ne lui donne aucune nourriture avant qu'il ait consenti à me dire pourquoi il a refusé de goûter aux perdrix que je lui ai fait servir.

Malgré ses protestations, l'envoyé du roi de Dahomey fut incarcéré sur-le-champ, et des soldats furent mis à la porte du lieu où il se trouvait enfermé, pour que personne ne puisse enfreindre les ordres de l'oba.

Dès le second jour, la résistance du messager fut vaincue, il demanda à manger, disant que quand il aurait apaisé sa faim, il raconterait son histoire au roi.

— Soit, répondit Oba-Ochoué, mais je te préviens que si tu hésites à parler quand tu seras bien repu, je te fais couper la tête sur-le-champ.

Le Dahomien mangea et but tout à son aise et raconta ceci :

— Autrefois j'étais voleur de grand chemin. Un jour que j'étais à attendre des voyageurs sur un passage très fréquenté, vint à passer un marchand monté sur une mule et ayant sous lui un sac rempli d'argent. J'arrête le marchand, je me dispose à tuer mon homme qui alors me dit :

— Ton but n'est-il pas de prendre cet argent?

— Certainement, lui répondis-je.

— En ce cas, garde la mule et le sac qu'elle porte, et laisse-moi partir.

— Impossible, mon cher, tu irais me dénoncer au village voisin, et tu reviendrais avec tous les habitants pour me donner la chasse.

Et je le saisis par le bras pour le tuer.

— Je te jure, par mon père que je ne te dénoncerai pas.

— Inutile, il faut que je te tue.

— Tu veux donc absolument me faire mourir?

— Oui, et de suite.

— Permets-moi au moins d'adresser une prière aux dieux.

— Adresse ta prière, mais dépêche-toi.

Il se mit à prier, mais comme il traînait en longueur, cherchant à gagner du temps, je le pris par le cou.

— Je t'en conjure par ta mère, me dit-il, laisse-moi m'en aller.

— C'est impossible, il faut que je te tue ici.

Alors le marchand regarde autour de lui, il aperçoit dans les champs deux perdrix; tout à coup il s'écria, s'adressant à ces oiseaux :

— Tiroubas, soyez témoins que je meurs sans motifs, et soyez mes vengeurs !

Je me mis à rire de cette singulière apostrophe, je tuai l'homme et j'emmenai la mule avec l'argent... Ces deux perdrix m'ont rappelé cette aventure. Maintenant que je t'ai tout dit et que ma mission est accomplie, laisse-moi retourner près du roi mon maître.

— Ces perdrix viennent de prononcer ta sentence, s'écria l'oba d'une voix tremblante de colère, il ne sera point dit que le pauvre marchand aura invoqué en vain le témoignage des tiroubas. Il fit un signe, le yatagan de l'exécuteur qui accompagne partout le roi, se leva et retomba avec rapidité et la tête du Dahomien roula dans la poussière.

Le roi yébou la fit renfermer dans une outre et l'envoya au roi du Dahomey en lui faisant dire que, quand il lui enverrait comme messagers des voleurs et des assassins, lui, Oba-Ochoué, leur ferait subir le même sort.

La nuit s'avançait. Obi-Tchadé continuait à boire du rhum, et son intarissable verve menaçait de me conduire jusqu'au jour.

— Oui! sache-le bien, bon blanc, notre roi est l'œil de la justice, et tu peux te présenter sans crainte devant lui, si tu n'as aucune pensée mauvaise dans ton cœur; mais si tu as fait du tort à des marchands, si tu as fait comme celui qui, ayant reçu deux fois cent hégouékouas, alors qu'on ne lui en devait que cent, refusa de les rendre, prends garde à toi, tu subiras le même sort.

Comme je n'avais aucun hégouékoua sur la conscience, je ne pus m'empêcher de rire de l'admonition du vieux chef, qui était plus d'à moitié ivre, mais je dus subir encore l'histoire des hégouékouas, tout en faisant dire à l'obi, par Ourano, que son récit fini, je lui donnerais la permission d'aller se coucher.

Je transcris cette dernière aventure, car, en outre qu'elle dessine plus fortement encore la figure étrange du sauvage oba des Yébous, elle démontre a quel point les marchands de cette nation sont exacts dans l'exécution de leurs engagements ; cette ponctualité m'a du reste été confirmée, plus tard, par vingt faits dont j'ai été témoin.

Un marchand emprunta à un de ses voisins, pour une spéculation commerciale, de la poudre d'or pour une valeur de cent hégouékouas.

L'hégouékoua représente une valeur de vingt-quatre mille cauris, c'est environ une valeur de vingt francs. Ce marchand s'était engagé à rembourser son emprunt à un jour déterminé.

Il part, traverse un fleuve voisin, et arrive bientôt à sa destination.

Ses affaires terminées, il s'en retourne, mais parvenu près du fleuve qui le sépare de son district, les eaux ont grossi à ce point qu'il ne peut les traverser, et ne trouve pas d'embarcation pour le porter de l'autre côté.

Il attend et patiente plusieurs jours, mais en vain, les eaux ne diminuaient pas. Cependant l'échéance de sa dette approche, il est au dernier jour. Désolé de manquer à sa promesse,

et de ne pouvoir arriver chez lui quand il n'y a
que le fleuve qui l'en sépare, il imagine de
prendre une tige de bambou creuse et d'en
faire un moyen d'envoi.

Il prépare cet appareil, pèse les cent hégouékouas de poudre d'or, et les place dans un tube
avec un billet ainsi conçu :

« A mon voisin un tel, pour m'acquitter de la
dette que j'ai contractée envers lui.

» Depuis plusieurs jours je ne puis avoir une
barque pour traverser le fleuve, aujourd'hui
est l'échéance de ma dette envers toi, ne sachant
comment faire pour m'acquitter sans retard et
selon ma promesse, je place les cent hégouékouas que je te dois dans ce tube en bois, et je
les confie aux eaux du fleuve. Je prie les dieux
de te faire arriver cette espèce d'embarcation,
je la mets sous leur sauvegarde, et prie le
premier homme entre les mains de qui ce
bambou arrivera de te le faire parvenir. »

A ce moment j'interrogeai le conteur.

— Comment, lui dis-je, les habitants du
Yébou savent donc lire et écrire ?

— Tous les marchands, me répondit Ourano,
faisant du commerce sur tout le cours du Niger
jusqu'à Tombouc, et fréquentant les grands
marchés d'esclaves du Soudan et du Darfour,
lisent et écrivent la langue de ces pays. Sans

cela ils ne pourraient faire leurs échanges.

L'explication était plausible, et je laissai la parole au narrateur.

Le marchand, après avoir hermétiquement fermé les deux ouvertures du bambou, le livra aux flots, et continua les invocations tant qu'il put l'apercevoir.

La destinée voulut que le créancier eût l'idée d'aller se promener du côté du fleuve, et de voir si son débiteur arrivait. Il s'assit près de la rive, et y passa une partie du jour. Vers le soir le bâton atteint le rivage et touche terre près de lui.

Notre homme le repoussa machinalement ; le bâton, ramené par le remous, revient se présenter au rivage. Notre homme le prend, l'examine, et s'aperçoit qu'il est scellé à ses extrémités. Il brise le cachet et aperçoit de la poudre d'or et un papier. Tout stupéfait, il regarde et ne peut lire car il n'était pas de la caste des marchands. Il pèse la poudre d'or et trouve qu'il y en avait pour une valeur de cent hégouékouas. Il va trouver un de ses parents qui avait échangé pendant de longues années dans le Soudan, et lui fait lire la lettre ; il reste stupéfait en apprenant que son débiteur avait choisi cette voie pour s'acquitter de sa dette.

Alors son parent lui dit :

— As-tu montré ce papier à d'autres qu'à moi ?

— A personne autre.

— Il me vient une idée qui peut nous faire gagner cinquante hégouékouas à chacun.

— Je suis tout oreille pour t'écouter.

— C'est bien simple, partageons cette somme entre nous et ne disons rien. Sans doute tu as fait ce prêt, selon la coutume.

— Devant quatre témoins, les plus anciens du village.

— Bon, nous tenons notre homme.

— Mais il dira ce qu'il a fait ?

— Et on lui rira au nez comme à un esprit simple ; qui pourra croire à pareille folie et puis ne faut-il pas qu'il prouve qu'il t'a rendu cet argent devant les quatre témoins ?

— Tu as raison, mais il jurera par le poison.

— Tu refuseras de le boire avec lui, on jure par le poison quand on n'a pas de témoins de l'argent qu'on a prêté, mais toi tu en as puisque tu lui as remis les cent hégouékouas suivant l'usage.

— J'accepte, dit le prêteur, et ils partagèrent ensemble l'or du marchand.

Quelques jours après le débiteur revient. Il se reprochait d'avoir hasardé la somme qu'il avait expédiée sur les flots.

— Je voudrais bien savoir si ma poudre d'or
est arrivée à destination ; sans doute cette somme
va être perdue pour moi.

Et il n'osait le demander à son créancier. Enfin,
il se décide à se rendre chez lui. Il prend cent
autres hégouékouas de poudre d'or, pour aller
acquitter sa dette.

— Les dieux des ancêtres soient avec toi,
dit-il à son voisin en entrant chez lui.

— Qu'ils soient bénis puisqu'ils t'ont accordé
un heureux retour parmi nous, répond l'autre.
Le jour de ta dette est passé, et je te croyais
mort, car je connais ton exactitude à remplir tes
engagements.

Notre marchand voyant cela, reste persuadé
que son bambou a suivi le cours du fleuve et que
son créancier n'en a pas eu la moindre connaissance. Il s'excuse alors du retard qu'il a mis à
payer sa créance, expose, et jure par serment
qu'il n'a pu trouver d'embarcations, et par con-
séquent venir solder sa dette au jour promis.

Ensuite, il pèse les cent hégouékouas de poudre d'or, on fait appeler les quatre anciens qui
ont assisté au prêt, et le créancier reçoit son
argent en disant :

— Je savais bien que tu étais un honnête
homme, et tu peux te présenter chez moi,
chaque fois que tu auras besoin de faire un em-

prunt : je te donnerai tout ce dont tu auras besoin.

— Je puis t'assurer que si je suis encore obligé de recourir à toi, je te rembourserai plus exactement que cette fois-ci.

— Je désire, repartit le créancier, que tu me rembourses au contraire toujours de la même manière. Et ils se quittèrent.

Mais la figure du créancier en prononçant ces dernières paroles : « Je désire que tu me rembourses toujours de la même manière », avait eu un sourire singulier, et un des quatre anciens l'avait remarqué.

— Dis-moi, fit-il au marchand, quand ils furent seuls ensemble, tu n'as donc pu envoyer cet argent par personne.

— Non, personne ne pouvait passer le fleuve en ce moment.

— Tu n'avais pas quelque autre moyen ? Parle-moi franchement.

— Écoute, j'ai employé un moyen que je vais te dire, mais garde-moi le secret, car tous les marchands se moqueraient de moi et diraient : Certes, cet homme est fou, et il avait envie de perdre cent hégouékouas.

— Je t'écoute, et je te jure que la pierre qui supporte la natte qui me sert d'oreiller n'en saura rien.

— Quand je vis approcher le jour de l'échéance de ma dette, je cherchai une barque pour passer le fleuve; je n'en trouvai pas. J'imaginai, alors, de prendre un tube de bambou, de le vider, et de placer dans l'intérieur les cent hégouékouas de poudre d'or que je devais. J'écrivis mes excuses en quelques mots et j'introduisis la lettre dans l'intérieur avec l'or; je confiai le tout à la garde des dieux et j'abandonnai mon envoi au gré des flots, persuadé que la première personne qui le rencontrerait le remettrait à destination.

A mon retour, ne sachant pas ce qu'était devenu mon bambou, je n'osai en parler à personne, et je vis bien que j'avais commis une folie insigne. Le parti le plus simple que j'avais à prendre était d'aller acquitter ma dette, c'est ce que j'ai fait devant toi. Tu as vu que mon créancier n'avait nulle connaissance du remboursement que j'avais chargé le fleuve de lui faire.

— Je n'en suis pas aussi persuadé que toi!

— Que veux-tu dire?

— Je veux dire que les cent hégouékouas du bambou auraient bien pu arriver à leur adresse.

— Il se pourrait?

— Tu n'as donc pas entendu sa réponse

quand tu lui as dit qu'une autre fois tu serais plus exact à t'acquitter envers lui?

— Je ne me souviens pas de ce qu'il m'a dit.

— Il t'a répondu qu'il désirait toujours être remboursé de la même manière.

— Il était heureux de recevoir son argent après un retard de dix jours; si j'étais mort il perdait le tout.

— Comment! il y avait si longtemps que le jour de l'échéance était passé.... Voyons, réponds bien à mes questions, tout cela me paraît étrange. A quelle heure es-tu arrivé ce matin?

— Je suis arrivé au lever du soleil.

— Tu as donc tardé près d'une demi-journée à venir solder ta dette?

— C'est vrai, je n'osais pas aller chez mon voisin, je craignais ses reproches.

— Ton créancier savait-il que tu étais arrivé?

— Il le savait.

— Et il n'est pas venu te demander immédiatement de le payer?

— Non, il a attendu que j'allasse le trouver moi-même.

— Eh bien! pour moi, ton créancier a reçu ton envoi; il a trouvé le bambou, ou quelqu'un est venu le lui apporter.

— Pourquoi ne lui as-tu pas dit cela en ma

présence, nous aurions vu ce qu'il aurait répondu ?

— Il aurait ri, et comme nous n'avions aucune preuve contre lui....

— Nous n'en avons pas davantage maintenant.

— Il faut que nous en trouvions, fie-toi à moi pour cela.

Comme ils étaient ensemble à causer, ils passèrent devant la porte du marchand, parent du créancier; tout à coup le débiteur volé pousse un cri, prend un morceau de bambou à des enfants qui jouaient dans la rue, et le montre à l'ancien en s'écriant : Voilà mon bambou! voilà mon bambou!

—Tais-toi, lui fit son compagnon à voix basse, tu vas donner l'éveil ; si on se doute de quelque chose, nous n'arriverons à rien.

Ils continuèrent leur promenade comme si de rien n'était, et rentrèrent chez eux tranquillement. L'ancien avait caché le bambou sous un plis de son pagne. Les enfants avaient continué leurs jeux, sans s'inquiéter de ce qui venait de se passer.

— Reviens me trouver ce soir à la nuit, avait dit l'ancien au marchand, et je te ferai connaître ce que j'aurai résolu.

A l'heure dite, ils se retrouvaient ensemble, et le témoin du prêt disait à l'autre.

— J'ai vraiment cherché un moyen d'arriver par nous-mêmes à la vérité. Je vois bien comme la chose a dû se passer, c'est le marchand parent de ton créancier qui lui aura lu la lettre, et ils ont dû partager la somme entre eux, mais comme ils sont aussi coupables l'un que l'autre, il n'y a pas à espérer qu'ils trahiront le serment qu'ils ont dû se faire de ne rien dire.

— Je crois que le mieux alors est d'abandonner cette affaire.

— Ce n'est pas mon sentiment. Allons trouver notre oba, lui seul trouvera le moyen de les faire avouer et de te rendre justice.

Nos deux hommes prennent donc un prétexte pour les gens de leur village, et ils partent pour la capitale du Yébou.

Ils furent reçus de suite par l'oba, qui ce jour-là se trouvait de bonne humeur. L'ancien lui raconte toutes les péripéties de l'aventure ainsi que les déductions auxquelles il s'est livré lui-même.

— Je crois que tu as raison, dit l'oba, tu as certainement mis la main sur les vrais coupables ; dans tous les cas nous allons bien voir.

Séance tenante, il expédie un de ses officiers assisté d'une troupe de soldats, avec ordre de ramener le créancier et le marchand son parent, et d'agir de façon à ce qu'ils ne puissent communiquer ensemble.

Les malheureux sont conduits tout tremblants auprès du roi, ne sachant ce qu'on voulait d'eux, car ils étaient loin de penser que leur secret pouvait être découvert.

Le roi avait fait cacher derrière une tenture le débiteur et l'ancien, pour les faire apparaître au moment opportun.

Avant l'arrivée des prévenus, le même bambou dont le plaignant s'était déjà servi, avait été rempli avec de la poudre d'or, et une lettre que l'oba avait fait écrire dans le même style que la précédente, s'y trouvait enfermée également.

Le roi avait fait placer le tout dans un bassin de cuivre plein d'eau.

— Promène-toi autour de ce bassin, dit-il au prêteur ; et s'adressant au marchand. Pour toi, va t'asseoir dans ce coin.

Ils s'empressèrent tous deux d'obéir, et le premier interpellé s'approcha du bassin ; en apercevant ce bambou qui se trouvait à la surface de l'eau, il commença à pâlir.

— Qu'est-ce que c'est que cela ? lui dit l'oba.

— C'est un morceau de bambou, répondit le malheureux tout tremblant.

— Prends-le : qu'y a-t-il à chaque bout ?

— Il est scellé.

— Romps les cachets, et regarde ce qu'il y a dedans.

Le patient exécuta l'ordre, sans trop savoir ce qu'il faisait, tellement il se trouvait dominé par la terreur.

Le cachet brisé, la poudre d'or s'échappa du tube, et tomba par terre, avec la lettre.

— Ramasse cette lettre et donne-la à ton parent le marchand pour qu'il te la lise, fit l'oba affectant le plus grand calme.

Le marchand s'approcha plus mort que vif, prit le papier, mais ne put articuler un seul mot.

— Ne connaîtrais-tu pas la langue du Soudan ? continua le roi.... Je croyais que la même scène avait déjà eu lieu entre vous il y a quelques jours. Ton parent a trouvé ce bambou dans la rivière, il te l'a apporté, il y avait dedans de la poudre d'or et une lettre ; après avoir lu le papier, vous l'avez brûlé, et vous avez partagé entre vous les cent hégouékouas d'or.

— Grâce ! firent les deux complices en tombant le visage dans la poussière.

— Je vous condamne à restituer trois fois autant d'or que vous en avez volé, s'écria l'oba d'une voix de tonnerre.

Ils s'exécutèrent sur-le-champ, car ne sa-

chant pourquoi on les amenait à Hodé-Yébou,
ils avaient pris presque tout ce qu'ils possédaient avec eux.

— Bien ! dit le roi en voyant leur sac de
peau de gazelle plein de poudre d'or, vous allez
m'en donner dix fois autant.

Les malheureux obéirent avec empressement,
croyant par là sauver leur vie.

— Maintenant, continua le féroce monarque,
donnez ce qui vous reste au tarbouc pour la
peine qu'il va avoir de vous couper le cou.

Ils se jetèrent à genoux, pour implorer leur
pardon, mais ils n'eurent pas le temps de prononcer une parole que leurs deux têtes étaient
abattues.

— Le tarbouc de l'oba ne s'y prend jamais à
deux fois pour couper une tête, fit Obi-Tchadé
en manière de conclusion, vous aurez occasion
d'admirer son habileté, si vous allez à Hodé-
Yébou, car l'oba, pour vous faire honneur, fera
certainement briller le yatagan de son exécuteur, et priez votre Dieu que ce ne soit pas au-
dessus de vos têtes.

— Ce que tu nous racontes de ton roi, nous
prouve que cela n'a rien d'impossible, lui répondis-je.

— Ne crains rien, fit alors Ourano avec
fierté, les guerriers du Bénin, avec les fusils

et les pistolets fétiches des blancs sauront te
défendre.

— Que pourraient une vingtaine d'hommes
contre l'armée de l'oba ?

— Je n'aurais qu'à crier : Ces blancs sont les
hôtes du roi d'Ouéni ; si vous touchez à eux,
nous reviendrons brûler vos cases et vous emmener en esclavage pour que pas un soldat yébou
n'ose vous toucher ; ne crains rien, te dis-je.

— Écoutez ceci, dit Obi-Tchadé, je crois
que le roi vous recevra bien, mais ne dites jamais à un bananier : Je ne mangerai pas de
tes fruits, car un jour que vous auriez faim
vous manqueriez à votre serment. De même ne
dites jamais : Je ne crains pas le tarbouc de
l'oba d'Hodé-Yébou. Quand j'étais jeune, m'é-
tant distingué à la guerre, je fus nommé capitaine des gardes du roi, autant pour mon courage que pour ma parenté avec l'oba, car la
mère du père de nos pères était commune. Eh
bien ! j'ai quitté Hodé-Yébou, pour venir vivre
dans ce village qui appartient à ma famille,
parce qu'il s'en est fallu de peu qu'un jour le
tarbouc ne me coupât le cou.

— Dis-nous en quelle circonstance, chef. Je
te passe cette dernière histoire, parce qu'elle
t'est personnelle, et qu'elle ne peut manquer de
m'intéresser.

L'obi but un nouveau verre de rhum ; je ne
sais en vérité comment il pouvait encore se
tenir debout, et nous conta ce qui suit :

— Comme chef des gardes, j'avais la surveillance du palais. Un soir, je surpris une
concubine d'Oba-Ochoué avec un esclave.

La concubine se crut perdue, car elle sentit
bien que mon devoir était de tout dire à mon
maître.

Le roi n'était pas encore de retour de la chasse.

Une chose m'avait étonné, c'est qu'en se
voyant surprise, cette femme n'avait pas essayé
de m'attendrir.

Comme je réfléchissais au parti que je devais
prendre, l'oba rentra au palais. Alors, les yeux
tout en larmes, la concubine courut se jeter
aux pieds de son maître. Ochoué en fut profondément ému, car c'était sa favorite.

— Que t'est-il arrivé ? lui dit-il.

— Prince, répondit-elle en éclatant en san-
glots, peut-il te convenir qu'Obi-Tchadé, le
capitaine de tes gardes, cherche à me séduire ?

— Que m'apprends-tu là ?

— La vérité. Profitant de ce que ses fonc-
tions lui donnent l'entrée de ton palais à toute
heure, dès que tu as été parti pour la chasse, il
est venu près de moi, et a voulu me forcer à
me coucher sur la natte avec lui.

— Si tu dis vrai, il mourra.

— Je jure que je ne lui ai échappé que grâce à ma présence d'esprit. Voyant qu'il allait employer la force, j'ai usé de ruse, et l'ai supplié d'attendre la nuit, lui promettant d'aller le trouver au rendez-vous qu'il me donnait.

En entendant ces paroles, Ochoué entra dans une indicible fureur, et résolut immédiatement de me faire mourir.

Cependant, pour éviter à mon père qui était le gardien de son trésor, la vue de mon sang, et pour que le vieillard ne pût prononcer la malédiction d'usage :

« Que ce sang te rende aveugle ;

Que ce sang te rende sourd ;

Que ce sang te rende muet ;

Que ce sang soit cause de ta mort ;

Que ce sang perde ta race »,

il prit une pierre noire, qu'il mit dans un coffret d'argent, et, m'ayant fait appeler, il me dit :

— Va trouver le capitaine de mes chasses immédiatement dans sa case, et dis-lui que je lui fais présent de ceci pour le récompenser du plaisir qu'il m'a fait aujourd'hui.

— Je partis sans défiance, me disant qu'il serait temps, au retour, de voir la conduite que je devrais tenir à l'égard du fait dont j'avais été témoin.

Je ne pouvais me douter du sort auquel le hasard, seul, vint me soustraire, car l'oba avait coutume de récompenser ainsi le capitaine de ses chasses quand il était content de lui, et c'était toujours moi qu'il chargeait de cette mission.

En quittant le palais, je vis, à l'heure avancée, que je ne serais jamais de retour pour remplacer la garde du jour par celle de nuit, et appelant un de mes esclaves, je lui remis le coffret, en lui répétant les paroles du roi. Je lui ordonnai de faire prompte diligence.

— Mon maître peut compter sur mon zèle et mon exactitude, et il partit en courant.

Il m'était arrivé souvent de faire porter ces cadeaux par un des guerriers ou par un esclave, et je savais que l'oba ne me ferait pas plus de reproche pour avoir agi ainsi cette fois, qu'il ne m'en avait fait pour les autres.

Je remplaçai la garde, et après avoir donné mes ordres au chef militaire qui la commandait, je m'en fus dans mon habitation pour prendre mon repos et me distraire avec mes femmes.

Ensuite, je me reposai avec délices, et passai une des meilleures nuits dont je me souvienne. Je n'eusse point goûté un aussi paisible sommeil si je me fusse douté que la pierre noire, qu'on appelle *pierre de la mort*, fût enfermée dans le coffret d'argent.

— Que signifiait donc cette pierre? fis-je au chef, en l'interrompant.

— Tous ceux qui la reçoivent de la part du roi doivent immédiatement faire couper la tête au messager.

— Diable! voilà qui est tout à fait expéditif, et surtout original.

— L'oba emploie ce moyen quand il conserve encore quelque affection pour le coupable qu'il veut faire mourir. Celui qui reçoit la pierre noire est tenu de ne rien dire, il doit affecter un air indifférent, offrir à l'envoyé de la noix de coco ou une pipe, et, pendant qu'il cause avec lui, il fait un signe imperceptible à son tarbouc, car c'est toujours un chef qui est chargé de cette exécution, et tous les chefs ont leur tarbouc pour le sacrifice des esclaves.

L'exécuteur s'approche par derrière de celui qui vient de lui être désigné, et d'un seul coup, lui tranche la tête avant qu'il ait eu le temps de s'en apercevoir.

Si le messager se doute de la chose et se tient toujours de façon à avoir le tarbouc en face, c'est alors le chef qui, rapidement, exécute l'ordre de la pierre noire.

Dans un cas pareil, ajouta sentencieusement

l'obi, il vaut toujours mieux ne pas chercher à échapper à sa destinée, car le tarbouc est très adroit, et ne vous fait pas souffrir, tandis que le chef est souvent obligé de s'y reprendre à plusieurs fois pour vous donner la mort.

Le lendemain matin, en venant reprendre mon service au palais, je vis arriver un esclave du capitaine des chasses qui demandait à pénétrer près du roi. Il portait d'une main un sac en cuir, et de l'autre le petit coffret d'argent que son maître avait dû recevoir la veille.

— Pourquoi désires-tu voir l'oba? fis-je à l'esclave.

— Je viens de la part de mon maître, le capitaine des chasses, lui rapporter la pierre noire de la mort, ainsi que la tête du condamné.

En entendant ces paroles, je me mis à trembler de tous mes membres, et je compris que j'allais immédiatement subir le sort auquel je n'avais échappé, la veille, que par miracle.

Je laissai l'esclave pénétrer dans le palais, car, qui peut espérer se soustraire à ce qui est écrit?

Je n'avais pas eu le temps de réfléchir à la faute qui pouvait m'avoir valu la disgrâce du roi, que ce dernier accourait en hâte pour savoir comment il se faisait qu'au lieu de ma tête c'était celle d'un esclave qu'il avait trouvée dans le sac en peau qu'il venait de recevoir.

— Pourquoi as-tu enfreint mes ordres ? me cria-t-il du plus loin qu'il m'aperçut.

— Pardonnez-moi, répondis-je en me mettant à genoux devant lui, j'ignorais que la *pierre noire* se trouvât dans le coffret, mais maintenant que je le sais, je vais la prendre des mains de cet esclave et la porter sur l'heure au capitaine des chasses.

— Ce n'est point ce que je te demande, fit le roi d'un ton radouci : comment se fait-il que tu ne sois pas allé toi-même, hier soir, accomplir la mission que je t'avais confiée ?

— Prince, je suis chargé de la sûreté de ta personne, et je réponds de ta vie sacrée devant les dieux et devant toute la nation des Yébous ; si j'étais parti sur-le-champ, je n'aurais pu revenir pour placer, autour de ton palais, les gardes fidèles qui doivent veiller sur ton sommeil.

— A qui donc as-tu remis le coffret d'argent qui contenait la pierre noire ?

— A l'esclave dont on vous rapporte la tête.

— C'est bien, tu dois avoir un gris-gris bien puissant, car, en t'inspirant cette pensée heureuse de me désobéir, il t'a sauvé de la mort ; tu ne porteras pas la pierre noire au capitaine

13.

de mes chasses, puisque c'est le souci de ma sûreté qui est cause que tu n'a pas exécuté mes ordres, mais tu mérites une punition, et je vais assembler le conseil des chefs pour savoir celle que tu mérites.

— Par la mère du père de nos pères, dis-moi donc quel est le crime que j'ai pu commettre, car je te jure que je l'ignore.

— Souviens-toi de ce que tu tentas d'accomplir, hier, pendant que j'étais à la chasse.

— J'ai beau rassembler mes souvenirs, je ne me sens coupable d'aucune action mauvaise.

— Cherche bien, ta mémoire te sert mal.

— Quand vous devriez verser le sang de mon père sous mes yeux, je ne pourrais pas vous faire une autre réponse... Oh ! cependant, je me rappelle que j'ai manqué à mon devoir envers toi en ne te prévenant pas d'une chose qui s'était passée dans ton palais, pendant ton absence.

— Parle, et ne mens pas, si cette fois tu tiens à la vie.

— En faisant ma ronde dans l'intérieur, j'ai surpris ta concubine favorite avec un des esclaves du palais.

— Dis-tu vrai ? fit l'oba au comble de l'étonnement.

— Je le jure par l'eau des fétiches que je suis prêt à boire devant toi.

— Bien ! je vais savoir la vérité, et le coupable, quel qu'il soit, mourra... Écoute mes ordres.

— Je les reçois à genoux.

— Je vais me coucher derrière cette tenture, toi, alors, tu feras appeler ma concubine et tu parleras avec elle.

— Que lui dirai-je ?

— Ce que tu voudras, je saurai bien, en vous écoutant, reconnaître la fausseté de l'un ou de l'autre ; sache seulement que si j'ai voulu te faire mourir, c'est que cette femme est venue en pleurant, près de moi, t'accuser d'avoir voulu la séduire.

En entendant ces paroles, je sentis la colère gonfler mon cœur, et je résolus d'user d'un stratagème qui allait immédiatement faire éclater mon innocence.

Quand la concubine de l'oba entra dans la chambre où je me trouvais, je pris immédiatement la parole.

— Tu vois bien, lui dis-je en voyant sa stupéfaction de me montrer encore vivant, que l'oba ne tient plus à toi, puisque après m'avoir accusé faussement hier et lui avoir demandé ma mort, non seulement il m'a laissé la vie,

mais m'a encore fait part de ton odieuse accusation.

— Je suis perdue ! s'écria la malheureuse en
chancelant.

— Tu n'as encore rien à craindre, car je n'ai
pas dit au roi que je t'avais surprise avec un
esclave.

— Je t'en prie, garde-moi le secret et je te
donnerai tout ce que tu voudras.

— Je me tairai, mais à une seule condition.

— J'y souscris d'avance.

— Depuis que l'oba m'a fait part de ce que
tu lui avais dit, j'ai songé à toi, et je t'ai trouvée
belle : Hé bien ! si tu veux te donner à moi, ton
maître ne saura jamais que tu as fait coucher
un esclave sur sa natte.

— Je ferai ce que tu voudras, me répondit la
concubine, donne-moi le rendez-vous qu'il te
plaira, et je te promets de m'y trouver.

— Non, tu n'aurais qu'à prévenir l'oba en lui
soutenant de nouveau que tu ne m'as donné un
rendez-vous que pour échapper à ma violence,
et il pourrait bien cette fois me faire sauter la
tête lui-même.

— Que prétends-tu alors ?

— Je veux que tu te livres à moi ici-même
et sur l'heure.

— Quoi ! en plein jour, et dans la chambre du roi.

— Tu t'es bien livrée hier à un vil esclave.

— L'oba était à la chasse.

— Il est allé faire un sacrifice aux fétiches.

— Mais nous pouvons être surpris comme je le fus hier par toi.

— Alors tu me refuses ?

— Non, fais de moi ce que tu voudras.

— Va me chercher la natte du roi, car je tiens à te posséder comme je t'ai vue possédée hier par l'esclave.

— J'y vais, mais veille bien à ce que personne ne puisse venir nous surprendre.

— Ne crains rien, je brûle pour toi, et une roulade de tiou-tiou-oua (rossignol) sera moins rapide que mon amour.

Elle partit en courant du côté de la chambre à coucher du roi.

— Tu m'as *parlé la vérité,* me dit l'oba toujours caché derrière la tenture, mais je veux voir si elle ira jusqu'au bout, et si elle apportera ma natte dans cette salle.

La concubine revint rapidement ; elle tenait roulée sous son bras la fine natte de soie frangée d'or que le roi avait achetée d'un marchand du Darfour, et après l'avoir déployée et étendue sur le sol, elle s'y étendit et d'un geste provoquant elle m'invita à aller la rejoindre sur la couche royale.

Comme je ne déférais pas à ses désirs :

— Viens, mon beau lion, me dit-elle, que crains-tu à cette heure, puisque mon maître est allé trouver les fétiches ? Viens faire craquer mes reins sous l'étreinte de tes bras nerveux....

Elle n'eut pas le temps d'en dire davantage, Oba-Ochoué venait de sortir de sa cachette, et la malheureuse, paralysée par la terreur, ne peut ni articuler un mot, ni faire un mouvement sur la natte où elle s'était couchée.

La vengeance de l'oba fut exemplaire, il envoya chercher l'esclave coupable, fit attacher l'un contre l'autre les deux complices, et les fit enduire de poix et de résine, et dès que la nuit fut venue, il les fit brûler vifs sur la principale place d'Hodé-Yébou.

Le même soir, lorsque j'eus relevé la garde, l'oba me fit appeler.

— A nous deux maintenant, me dit-il, et réponds-moi d'une manière satisfaisante, ou sinon je vais te remettre la pierre noire, et je te jure que cette fois tu la porteras toi-même.

— Maître, je suis prêt à répondre à ta demande.

— Pourquoi n'es-tu pas venu hier me trou-

ver immédiatement pour me faire part de ce
qui s'était passé sous tes yeux?

— J'attendais ton retour de la chasse.

— Je t'ai fait appeler à ce moment et tu ne
m'as rien dit !

— Parce que tu m'as remis le coffret d'argent qui contenait la pierre noire, en m'ordonnant de le porter sans délai.

— C'est bien, je te pardonne, mais songe
que ta négligence a failli te coûter la vie, si tu
m'avais fait part immédiatement de l'acte commis par ma concubine, j'aurais fait parler la
vérité et ne t'aurais pas remis la pierre noire...
A la suite de cette aventure, je demandai à
l'oba à me retirer dans ce village, dont j'étais
le chef, mais il refusa d'y consentir, et ce n'est
que plus tard, à la suite d'un autre fait que je
vais conter que j'obtins cette permission.

— Pour le coup en voilà assez ! fis-je à Ourano.
Mais Obi-Tchadé trahissait son état par une
telle loquacité, que je compris l'inutilité de mes
tentatives pour le renvoyer dans sa demeure,
et je me décidai à le laisser seul avec Ourano,
qui l'écoutait et lui donnait la réplique avec un
sérieux imperturbable. Pour cette dernière histoire, je soupçonnai fort le chef d'avoir arrangé,
à sa manière, en s'y donnant un rôle, un conte
qui est dans la bouche de tous les griots et qui

leur vient du Soudan. Je l'ai relaté dans le premier volume de ce voyage.

Imitant Lucius, je me glissai sileneieusement dans ma tente et m'étendis avec délice sur le cadre de rotin qui me servait le lit. Zennah et Kanoun laissèrent retomber la natte qui en fermait l'entrée, et me protégeait contre lês grands papillons de nuit et les chauves-souris qui, attirés par la petite lampe d'huile de palme que je conservais toujours la nuit, n'auraient pas manqué sans cela de venir troubler mon repos.

Pendant longtemps, plongé dans une demi-somnolence, le bruit de la conversation d'Obi-Tchadé et d'Ourano parvint jusqu'à moi comme un murmure, et je finis par m'endormir.

Quand je m'éveillai, tout était prêt pour notre départ; une cinquantaine de rabatteurs, munis de longues lances en bois de fer, terminées par une lame en fer forgé, étaient accroupis dans l'herbe. Obi-Tchadé se tenait immobile près d'eux, et Ourano s'était mis à la tête de la petite troupe de Béniniens que nous emmenions avec nous.

Il avait été convenu la veille que Patrick nous attendrait à Tchadé, avec le reste de la troupe : il devait protéger nos tentes, munitions et approvisionnements de toute nature.

— Vous dormiez si profondément que je n'ai pas osé troubler votre repos, me dit Lucius qui était lui-même en tenue de campagne, grandes guêtres, carabine en bandoulière et révolvers aux deux côtés de la ceinture.

Vous avez du reste dans vos négresses, deux dogues fidèles qui, par mille gestes menaçants, nous faisaient comprendre qu'il ne fallait pas approcher.

Les deux braves filles me savaient gré des soins tout désintéressés dont je les entourais : le cœur des femmes est le même sous la peau noire que sous la peau blanche, et leur reconnaissance se traduisait par une foule d'attentions et de prévenances, que j'étais obligé d'accepter pour ne pas les froisser. Il est un fait certain, c'est que pendant tout ce voyage, personne, pas même Lucius, ne put jamais pénétrer dans ma tente avant que je ne fusse éveillé.

M. Jims avait préparé un abondant déjeuner et après y avoir fait honneur, nous nous mîmes en route, les rabatteurs en tête, et nos soldats béniniens à l'arrière-garde.

Nous partions avec nos charrettes à bœufs, car nous devions rester quatre ou cinq jours absents, à la poursuite de l'inoki ou gorille, ce singe terrible et légendaire que je n'étais pas fâché de voir en face.

Avec nos armes à balles explosibles, la rencontre n'était pas aussi dangereuse qu'on pourrait le croire.

La tenue de chasse d'Obi-Tchadé mérite une description spéciale. Il avait pour toute arme un simple kirdah.

Le kirdah est un long couteau assez grossier maintenu au poignet gauche par un large anneau ou bracelet en cuir. Ce couteau est fixé à ce bracelet de manière que le manche soit du côté de la main, et que la lame soit appliquée sous l'avant-bras, la pointe alors dépasse de beaucoup le coude.

Le couteau est tenu par la main gauche appliquée sur la poignée, et la main droite peut aller trouver facilement cette poignée et dégaîner au moment du danger.

Les Yébous portent toujours ce couteau appliqué et attaché au bras, à la moindre excursion, partout où ils peuvent prévoir qu'ils auront à attaquer ou à se défendre ; c'est une arme terrible contre les hommes et les animaux. La longueur de sa lame est d'environ quarante centimètres, et tous les noirs des castes libres sont exercés à la manier dès leur enfance.

Pour le cas où ce couteau viendrait à se briser, Obi-Tchadé en portait un second attaché au-dessus du coude, et la pointe en bas, à l'aide d'une cordelette en cuir rouge fixée au fourreau, il n'a guère que huit à dix pouces de long et possède une lame très large. On fait avec cette arme d'atroces blessures dans un combat corps à corps.

Les manches de ces couteaux étaient, l'un en bois dur et l'autre en ébène. La partie du fer qui traverse la longueur du manche en dépasse l'extrémité de quatre à cinq pouces, et se termine en pointe acérée qui n'est pas la partie la moins dangereuse de l'arme.

Le fourreau était en cuir rouge. Il portait à l'extrémité, près de l'ouverture ou entre le kirdah, le bracelet de cuir qui maintient l'arme au poignet, ce bracelet a environ deux pouces de largeur et est solidement cousu au fourreau. Celui-ci est percé par son extrémité la plus mince, de façon à laisser sortir au moins un pouce de la lame. Cette disposition est constante, car l'individu porteur de l'arme peut être surpris par une brusque attaque, qui ne lui permet pas de dégaîner, ou même il ne désire porter qu'un léger coup de pointe et dans ces deux cas, il frappe avec la seule pointe qui saille du fourreau, par un coup du bras gauche, semblable au mouvement que l'on fait quand on donne un coup de coude.

Ourano s'était armé, comme son ami le chef,

avec des couteaux que ce dernier lui avait prê-
tés. Mais il paraissait beaucoup plus fier de la
carabine et du révolver dont le capitaine lui
avait fait cadeau.

Obi-Tchadé, contrairement à tous les petits
chefs noirs que nous avions rencontrés, préfé-
rait les armes de ses ancêtres à celles des Européens. Il avait coutume de dire à Ourano avec
un sourire d'orgueil :

— Si ta balle me manque, mon kirdah ne te
manquera pas.

— Je t'enverrai six coups dans le ventre, répondait tranquillement Ourano avant que tu
aies le temps de faire briller la lame de ton
kirdah.

La discussion alla un jour si loin entre eux
qu'elle faillit amener une lutte que nous eûmes
toutes les peines du monde à empêcher.

Nous traversâmes le village de Tchadé dans
toute sa longueur. A l'extrémité, je remarquai
une place carrée garnie de poteaux avec des
cordes, et diverses autres installations telles
qu'une plate-forme en fer, et des pièces de
même métal, dont je ne pus comprendre l'usage.

— A quoi servent toutes ces choses? fis-je au
chef de Tchadé.

— Tu es sur la place où l'on exécute les voleurs et les assassins qui ne sont pas dignes d'ê-

tre égorgés dans les sacrifices. La plate-forme
en fer que tu vois, sert à brûler les empoison-
neurs et ceux qui jettent des mauvais fétiches
pour faire périr secrètement leurs ennemis. Si
tu étais venu ici quinze jours plus tôt, tu aurais
vu brûler une femme qui avait fait tuer plus
de deux cents personnes.

Tout en continuant notre route, le vieux chef
nous conta les détails de ces crimes.

Cette femme, nommée Djalé, s'était associé
un certain nombre de jeunes gens qui venaient
dans sa maison pour boire de l'hoko, liqueur fer-
mentée du palmier ; comme elle était veuve,
elle n'était sous la dépendance de personne.

Elle avait dit à ces jeunes gens :

— Si vous voulez m'aider, je vous procurerai
de belles femmes, et en outre nous leur pren-
drons leurs bracelets d'or et d'argent.

Pour faciliter l'exécution de ses desseins,
elle s'était fait arranger une case en dehors du
village, qu'elle avait divisée en plusieurs chambres, et dans la dernière se trouvait un puits
très profond.

Le soir, elle sortait de sa demeure et exami-
nait dans les rues de Tchadé celles des femmes
qui avaient le plus de parures et de bijoux, elle
allait à elles et leur tenait un langage différent
selon ce qu'elle préjugeait de leur caractère.

A l'une elle disait :

— Quand ton mari sera endormi, si tu veux venir dans ma case, je te montrerai des bijoux plus beaux encore que ceux que tu portes, et s'ils te plaisent, je t'en ferai cadeau. Une pauvre veuve comme moi n'a que faire de se parer.

A l'autre, elle embrassait les mains, la regardait avec émotion et s'écriait :

— Hélas ! j'avais jadis une fille, et elle te ressemblait, la mort me l'a enlevée, et depuis lors la douleur me consume ; toutes les fois que je rencontre quelque femme qui me la rappelle, je sens renaître en moi toutes les émotions de l'amour maternel. Elle était comme toi, oui, tu es sa parfaite image ; je t'en conjure, je t'en conjure, cette nuit, quand tous les tiens sommeilleront, viens me voir ; c'est la nuit que je souffre le plus, ta présence apaisera ma douleur.

Elle savait s'y prendre si habilement que, presque toujours, elle arrivait à ses fins.

Ses confiantes victimes, soit par curiosité, soit par l'appât des bijoux ou encore par compassion, la nuit venue, se dirigeaient près de sa demeure. A peine entrées, Djalé les conduisait avec de douces paroles vers la chambre où se trouvait le puits, et là, les jeunes gens s'emparaient de la malheureuse, la bâillonnaient pour étouffer ses cris, et, après avoir satisfait leur passion, l'égorgeaient au-dessus du puits, dans lequel ils faisaient couler son sang.

Quand elle avait cessé de vivre, Djalé apparaissait pour lui arracher ses bijoux, puis on coupait son corps en morceaux, et les complices allaient les enterrer de côtés et d'autres, dans des endroits déserts.

Le lendemain, Djalé se mettait en quête d'autres victimes. Il lui arrivait souvent d'immoler, comme cela, quatre ou cinq jeunes femmes par nuit.,

Il y avait une véritable terreur dans tout le district de Tchadé qui compte plus de cinquante villages assez rapprochés les uns des autres pour pouvoir se porter secours, en cas d'envahissement de l'ennemi.

On crut d'abord que toutes ces femmes qui disparaissaient étaient enlevées par des marchands d'esclaves étrangers. On fit une battue à plusieurs lieues à la ronde, mais elles n'eurent aucun résultat. On ne découvrit de traitant nulle part. Sa dernière victime fut une jeune fille nommée Adé. Elle fut accostée un beau soir par Djalé qui, à l'aide de ses manœuvres accoutumées, parvint à l'emmener avec elle. Adé fut égorgée comme les autres, après avoir été violée par toute la bande.

Or, elle était fille unique, et sa mère était
veuve. Cette dernière attendit le retour de sa
fille qui avait disparu de la maison sur le soir,
et passa sa nuit à l'appeler ; ses cris furent
vains. Le jour vint sans qu'Adé reparût. La
mère alla en se lamentant se jeter aux pieds
d'Obi-Tchadé pour le supplier de lui faire retrouver sa fille. Le pauvre chef ne savait où
donner de la tête, il ne se passait pas de jour
qu'il ne reçût trois ou quatre requêtes semblables.

En désespoir de cause, il rassembla tous
les alasés ou prêtres pour leur demander leur
avis.

Les alasés sont, au Yébou, les mêmes personnages que les gangas au Bénin. Les braves
jongleurs s'assemblèrent et, comme cela serait
arrivé dans toute réunion de jongleurs et de-
vins de tous pays, ils déclarèrent qu'il y avait
quelque mystère infernal et qu'il fallait, avant
de consulter les divinités, leur faire, d'abord,
beaucoup de présents pour se les rendre favorables.

Les offrandes affluèrent de tous côtés, et,
quand les alasés furent bien repus, ils procla-
mreènt, ni plus ni moins que tous leurs con-
frères des pays barbares ou civilisés, que c'était
le *lolouc* ou diable qui enlevait toutes ces

femmes; que, dans ces circonstances, il était bien inutile de rechercher les femmes disparues, le mieux étant de sauver celles qui restaient.

Pour cela, on n'avait qu'à leur acheter, à eux alasés, des gris-gris contre le diable.

Pendant plusieurs jours, ce fut une véritable promenade de tous les pères, frères et maris des cinquante villages chez les alasés. C'était à qui achèterait le plus de gris-gris et des meilleurs. En moins de rien, les gris-gris montèrent à des prix fabuleux. Il se fit sur les gris-gris d'énormes spéculations; les pauvres alasés n'arrivaient plus à satisfaire toutes les demandes. Ce mouvement extraordinaire, et l'impression causée par la mort d'Adé furent cause que les complices de Djalé et cette dernière elle-même prirent peur, et que, pendant plusieurs jours, les disparitions de femmes cessèrent. Tout le monde cria au miracle, et les bons alasés plus fort que les autres. Il fut acquis et convenu que le diable avait eu peur des gris-gris et autres reliques, et qu'il avait été mis dans l'impossibilité de continuer son métier de diable.

Lorsqu'une nuit la mère d'Adé vit sa fille en songe. Elle portait au cou des marques sanglantes.

— D'où viens-tu, lui dit la pauvre éplorée, et pourquoi as-tu été absente si longtemps ?

— Je suis morte, répondit la jeune fille, et je viens pour que tu fasses punir mes assassins.

Elle raconta alors à sa mère qu'une femme, du nom de Djalé, l'avait emmenée dans une maison de telle apparence, de telle manière, et dans tel endroit du district ; que Djalé l'avait trompée par ses feintes douceurs et l'avait persuadée de la suivre, et qu'après l'avoir entraînée avec elle, elle l'avait livrée à des jeunes gens qu'elle ne connaissait pas et qui l'avaient égorgée après l'avoir violée.

La mère d'Adé se réveilla toute bouleversée, et s'en vint trouver, en toute hâte, Obi-Tchadé qui reposait encore, et elle lui détailla le récit de cette vision.

Le chef s'informe auprès de son officier de police, et il apprend que, dans le lieu indiqué et décrit par la mère de la jeune fille disparue, se trouve bien une maison isolée, habitée par une femme nommée Djalé.

Aussitôt l'obi dépêche cet officier avec des soldats ; on cerne la maison de Djalé, et, après s'être emparé de cette femme, on reconnut que, non seulement c'était elle qui avait fait disparaître Adé, mais encore toutes les femmes du district de Tchadé, dont on n'avait plus de nouvelles.

En effet, on retrouva, cachés dans une chambre, tous les bracelets et tous les bijoux des victimes qui furent reconnus par les parents des malheureuses femmes.

Djalé, traduite devant le conseil du district, ne chercha pas à nier, elle se plut à retracer tous les détails affreux des crimes qu'elle avait commis, mais il fut impossible, par les promesses, les menaces, la torture même, de lui arracher les noms de ses complices.

Une circonstance fortuite les fit découvrir. Un jeune homme qu'on avait vu entrer souvent chez Djalé fut soumis à l'épreuve du poison : plutôt que de boire la terrible liqueur, il préféra tout avouer et il denonça tous les coupables.

Ils furent enduits de poix et de résine et brûlés tous ensemble, Djalé au centre.

Obi-Tchadé me déclara d'un air doucement féroce, qu'il n'avait jamais vu un aussi beau feu.

Je profitai de cette occasion, car nous avions au moins un jour de marche avant d'arriver dans les forêts où l'inoki établit de préférence sa retraite, pour interroger le chef sur les différentes pénalités en usage chez les Yébous.

J'avais déjà dans mes notes celles du Bénin, et
il me paraissait intéressant de les comparer
entre elles. Voici le résumé des renseignements
que je pus obtenir. Je n'eus plus tard, quand je
connus mieux le pays, rien à changer aux détails que je tiens de l'obi. Comme chef et maître absolu de son dictrict, il présidait le tribunal
criminel et était donc parfaitement en état de
me renseigner.

La prison comme condamnation, est inconnue
au Yébou. On enferme, il est vrai, le coupable
pour qu'il ne s'échappe pas, mais son incarcéra-
tion ne dure que quelques heures, car il est jugé
de suite et par les procédés les plus sommaires.

Pour coups et blessures, le talion est en général la seule loi, et à la famille seule du blessé
ou du mort appartient le droit de l'exercer; les
Yébous ne sont pas encore arrivés à cette fiction
des sociétés civilisées qui considèrent tout at-
tentat commis contre un de leurs membres
comme les touchant elles-mêmes, et leur donnant droit de réparation et de punition.

Les tribunaux yébous ne fonctionnent donc
dans ces cas que pour déclarer qu'un tel ayant
tué ou blessé un tel, le droit à la vengeance
est ouvert pour le blessé ou la famille du mort.
A partir de ce moment toute représaille devient
légitime.

Mais le coupable peut racheter sa vie ou éviter la peine corporelle, en payant une forte amende ou indemnité, qu'il débat avec ceux qui *ont le talion* sur lui.

A ce propos Obi-Tchadé trouva l'occasion de me placer l'histoire que j'avais interrompue la veille. Ayant tué un des principaux officiers de l'armée de l'oba dans une querelle, le tribunal d'Hodé-Yébou, déclara le talion sur lui, et il fut poursuivi avec un tel acharnement par la famille, qu'il fut obligé de se réfugier au Bénin. Après deux ans d'exil et de nombreux pourparlers, son père racheta sa vie moyennant trois millions de cauris, environ trente mille francs de notre monnaie. Obi-Tchadé rentra alors, mais il obtint de l'oba la permission de s'établir dans son district, et il fit bien, car tôt ou tard un des fils de son ennemi lui aurait cherché querelle, et s'il eût été tué par lui, ses propres parents n'eussent pu exiger que le remboursement des trois millions de cauris pour inexécution du contrat, le tribunal ne pouvant ouvrir le talion à la famille d'un meurtrier, qui est tué pour avoir tué, quand bien même il aurait racheté sa vie.

Ces cas sont cependant assez rares ; les héritiers, après avoir fait payer bien cher leur mort, sont peu disposés à rendre ce qu'ils ont reçu.

Les tribunaux n'ont d'action directe que contre les meurtriers de profession, à qui on reproche une foule d'assassinats, car on ne peut les livrer à la fois à tous ceux qui ont droit au talion, de même pour les voleurs de grand chemin qui ont lésé plusieurs individus et qui ne sont pas en état de restituer tout ce qu'ils ont pris ; les sorciers, les jeteurs de sort, ceux qui composent des philtres, ou ont recours aux maléfices pour faire périr leurs ennemis. Il y a lieu, dans ces différents cas, à une sorte de vindicte publique ; mais les droits du talion sont respectés en ce sens que le tribunal ayant déclaré le talion ouvert au profit de tous les intéressés, ces derniers répondent à celui qui préside le conseil :

— Exerce toi-même le talion.

Dans ce cas les peines imposées dépendent de l'imagination plus ou moins fertile de l'obi. En voici quelques-unes que le chef de Tchadé me déclara avec orgueil avoir employées souvent à la grande satisfaction de toutes les familles, car pour plaire aux nombreux plaignants, il faut se distinguer dans l'application des peines, quand on est chargé d'exercer le talion sur eux.

Il y a d'abord le supplice de la fosse :

On creuse une fosse, au fond de laquelle on

dépose le patient les pieds et les mains liés ; puis, à quelques pas, on prépare un grand feu. Quand tout le bois est réduit en charbons ardents, tous les assistants prennent, chacun leur tour, un de ces morceaux de charbon avec une calebasse, et vont le jeter sur le criminel, qui ne reçoit d'abord que des brûlures sans importances, mais peu à peu le charbon s'amoncelle ; on a soin d'épargner la tête et la poitrine le plus longtemps possible, pour laisser au malheureux la consolation de se voir cuire à l'étouffé dans son jus... On met ordinairement deux ou trois heures à tuer un pauvre diable de cette façon, il suffit de mettre un certain intervalle entre chaque morceau de charbon.

Obi-Tchadé m'avoua naïvement que, sans être complètement l'inventeur de cette agréable façon d'expédier son semblable, c'était lui qui avait eu l'honneur de l'employer pour la première fois dans son district.

D'autres fois, on enterre le coupable tout vivant en ne lui laissant de libre que la tête. Tout autour, on enfonce six pieux, auxquels sont attachés, par la patte, une demi-douzaine de rats que l'on a fait jeûner, et qui se livrent à un véritable festin sur la tête du misérable.

— Ça, c'est très amusant, me dit le vieux nègre, parce que ceux qui s'approchent trop près de la bouche du coupable sont tués immédiatement à coups de dents ; les autres dévorent le mort et cela donne un peu de répit à la tête du patient.

En entendant cette bête brute me raconter tout cela avec le plus grand calme et comme la chose la plus naturelle du monde, plusieurs fois je me demandai si je n'allais pas lui loger une balle de révolver dans la tête ; mais je réfléchis à temps que je n'étais pas un justicier chargé d'appliquer le talion aux noirs, et que, du reste, je n'avais que faire de voyager en Nigritie, si je n'étais décidé à fermer les yeux sur les barbaries que je verrais commettre. C'eût été folie pure que de tenter d'agir autrement ; je ne serais pas resté vingt-quatre heures vivant.

Obi-Tchadé vit sans doute l'instinctif mouvement de répulsion que m'avaient arraché ses paroles, car il ajouta en manière de correctif :

— Presque tous les criminels demandent qu'on leur applique ce supplice, mais il est réservé pour les moins coupables, car on ne peut attacher près de leur tête que six rats et comme on n'a pas le droit de les remplacer, celui qui parvient à les tuer tous, a la vie sauve.

— Cela ne doit pas arriver souvent? fis-je en frissonnant.

— Il y en a bien un sur cinq qui se sauve ;
mais il faut être très adroit et savoir s'y prendre. Un des rabatteurs qui sont avec nous a
été enterré comme cela deux fois.

— Et il s'en est tiré? fis-je étourdiment.

— Puisqu'il est ici, répondit l'obi en riant de
ma naïveté, veux-tu le voir?

— Je serais enchanté de lui parler.

L'obi prononça un nom, Yanou ou Yaujou; je
ne perdis pas mon temps à le lui faire répéter,
car au même instant un des rabatteurs se déta-
chait du groupe qui nous précédait et se dirigeait vers nous.

Quand il nous eut rejoint, je le regardai
avec curiosité; le pauvre diable avait la joue
gauche affreusement couturée et il avait perdu
une partie du nez à cette terrible lutte.

Je demandai à l'interroger par l'entremise
d'Ourano; il se déclara prêt à répondre à mes
questions.

— Comment as-tu fait pour échapper aux
rats, lui dis-je aussitôt.

— Je vais vous raconter cela, capitaine.

La première fois que j'ai été enterré, j'avais
arrangé tout mon plan d'avance, et, en y réfléchissant bien, je me persuadai que je pouvais
m'en tirer. Les rats sont attachés avec six
pieux par une corde juste assez longue pour

leur permettre d'atteindre n'importe quelle partie de la tête. En voyant tuer un habitant du district comme cela, j'avais remarqué que les rats affolés n'attaquaient pas de suite et que sitôt que l'un des assaillants avait fait couler le sang, tous les autres se précipitaient sur la première blessure. Lors donc qu'on lâcha les rats sur moi, je restai immobile, l'œil à demi fermé pour ne pas les effrayer du regard, attendant leur assaut; il est rare qu'ils nous prennent derrière la tête, bien que les cheveux soient rasés; ils préfèrent nous attaquer aux oreilles, au cou, ou au visage. Le premier qui se hasarda sur moi, vint pour me saisir l'oreille. J'étais perdu si je le laissais faire; j'inclinai vigoureusement la tête sur le sol, et le rat fut obligé de fuir pour ne pas se faire écraser; je ne songeais pas à les prendre ainsi, car ils sont trop habiles pour cela. Le second me saisit par le nez; alors, j'appelai à moi tout mon courage et je restai l'œil fermé sans faire aucun mouvement.... « Mais remue donc la tête, » me criaient mes parents de tous les côtés; mais je ne les écoutais pas, car je savais ce qui m'attendait si je suivais leur conseil. En moins de rien le rat me mit le nez tout en sang, les autres arrivèrent en foule; alors commença la lutte. Ils se pressaient tellement pour boire

mon sang que je pus en saisir un par les reins,
que je lui brisai d'un coup de dent. Au lieu de
l'abandonner aux autres pour me donner un
instant de répit, je le posai à terre et appuyai
fortement mon menton dessus. J'agis de même
pour le second et le troisième, mais les autres
effrayés, s'éloignèrent un instant; peu à peu
ils se rapprochèrent, essayant de m'enlever un
des morts. Ce n'était plus maintenant qu'une
lutte d'adresse; j'avais eu la force de broyer
presque sans remuer les premiers rats entre
mes mâchoires et de les laisser retomber de
même sous mon menton. Pendant ce temps-là,
les trois autres m'avaient dévoré une partie
du nez, puis, apercevant leurs camarades morts,
ils avaient abandonné ma figure pour me les
disputer. J'étais perdu si je laissais échapper
une seule de mes victimes. Un rat suffisait
pour apaiser la faim des trois autres ; ils pouvaient rester deux ou trois jours sans avoir
besoin d'autre nourriture ; je m'affaiblissais peu
à peu, ils venaient alors m'arracher les deux
autres facilement, et je mourrais de faim avant
que les rats survivants aient eu assez faim
eux-mêmes pour oser venir m'attaquer de
nouveau. En agissant avec prudence, je finis
par avoir raison des derniers combattants ;
mais ce fut long, car, au fur et à mesure que le

nombre diminuait, ceux qui restaient hésitaient
de plus en plus à m'attaquer.

Après huit heures de lutte, pendant lesquelles
je fus obligé de ne pas perdre un seul instant
de vue mes ennemis, je fus enfin délivré.

La seconde fois, je ne pus d'abord en tuer
que deux, les quatre autres qui me rongeaient
la joue pendant que j'expédiais leurs camarades, au mouvement que je fis pour en empoi-
gner un autre, se sauvèrent avec une telle
rapidité qu'ils s'embrouillèrent dans leurs cordes, qui se trouvaient peut-être un peu longues
cette fois. Plus ils cherchaient à se détacher, et
plus les cordes s'entremêlaient, si bien qu'ils
furent bientôt tous liés ensemble en un seul
paquet. Comme ils continuaient à sauter et à
s'agiter, j'en saisis un par la patte à la première
occasion favorable, j'attirai le tout sous mon
menton, et les tuai à loisir.... J'étais resté à
peine une heure enterré.

— Oui, mais depuis cette époque, fit Obi-
Tchadé, qui avait le secret des conclusions de
circonstances, on ne met plus les cordes aussi
longues.

Quand le rabatteur se fut éloigné, je ne pus
m'empêcher de dire au chef :

— Comment se fait-il, puisqu'il avait échappé
une première fois, qu'on l'ait, jour un nou-

veau méfait, condamné au même supplice.

Il s'était vanté partout d'avoir échappé aux rats par adresse, et prétendait qu'il aurait toujours raison d'eux. Comme il vint à tuer une femme libre, qui n'avait plus aucuns parents à Tchadé pour exercer le talion, j'ai voulu voir si ce qu'il disait était vrai, et je l'ai prévenu qu'à la première occasion, je le ferais enfermer dans la touque et bouillir à petit feu.

Le supplice de la touque ne manque pas de saveur; qu'on en juge :

Le patient est mis dans un immense vase en terre ne laissant dépasser que la tête, attaché et ficelé comme un poulet ; le vase est alors rempli d'eau, et on l'entoure à la base de charbons ardents, mais en petite quantité, pour que l'eau ne se chauffe que très lentement.

Suivant le degré de culpabilité, le misérable est condamné à ne bouillir qu'au bout de quatre, huit, ou douze heures seulement.

L'exécuteur très expert dans son art, s'asseoit près de ce singulier pot-au-feu, et engage la conversation avec le criminel.

Il fume pendant toute l'opération, et de temps en temps ne dédaigne pas de prêter sa pipe au patient, qui fume avec une indifférence vraiment extraordinaire. A chaque instant, il plonge sa main dans l'eau, et juge d'après le degré de

15

calorique et le nombre d'heure que doit durer
la besogne, s'il faut ajouter du charbon ou en
retirer, pour activer ou modérer le feu.

Là encore le patient a chance d'en réchapper :
si l'exécuteur laisse éteindre le feu de façon à
ne pouvoir le rallumer avec les charbons in-
candescents qui se trouvent sous le vase, le
condamné est retiré de la touque, car le tarbouc, n'a pas le droit de quitter sa place pour
aller chercher du feu ailleurs ; c'est alors ce
dernier qui est mis dans le vase, et paye le talion
pour celui qu'il a laissé échapper.

Ces cas, on le conçoit, sont excessivement
rares ; mais l'obi m'affirma en avoir vu quelques exemples.

Lorsque le criminel appartient à une famille
riche, la veille de l'exécution elle envoie de l'a-
lhougou à l'exécuteur, et si ce dernier ne
sait pas se retenir, il se grise, le feu de charbon qu'il entretient achève de lui porter à la
tête, et il finit par tomber ivre-mort, et le patient est sauvé. Le malheureux tarbouc est alors
jeté dans la touque, en plein état d'ébriété, et
il ne s'aperçoit de sa situation que quand la
chaleur de l'eau vient le rappeler à lui.

Après cela vient le supplice du mortier.

On place le coupable dans un tronc d'arbre
creusé. Une pierre plus ou moins grosse, selon

le temps que doit durer l'exécution, est suspen-
due par une corde passée dans une espèce de
poulie, et le tarbouc élève la pierre et la laisse retomber jusqu'à ce que le corps du condamné ne
forme plus qu'une bouillie de chair et de sang.

Il y a aussi le supplice de l'Oba, ainsi nommé
parce qu'il est de l'invention d'Oba-Ochoué.

Cet excellent souverain, voulant un jour punir son grand-trésorier, une manière de ministre des finances, *qui avait joué à la bourse... de
son maître,* demanda une grande tonne qu'un
traitant lui avait vendue pleine de rhum mais
que le digne souverain avait vidée depuis longtemps, la fit défoncer par un seul côté et appela
un forgeron à qui il ordonna d'apporter un grand
nombre de longs clous. D'après ses indications,
cet homme ficha les clous de dehors au-dedans
tout autour de la tonne, et en lignes assez rap-
prochées de manière que l'intérieur de la tonne,
ressemblait à une peau de hérisson ayant les
épines dressées. On amena le *ministre* garrotté,
on le mit dans la tonne, et on ferma l'extrémité
défoncée.

L'oba fit alors porter l'appareil au sommet
d'une colline dénudée, et d'un coup de pied le
fit rouler en bas. Quand la tonne fut ouverte,
on trouva son Excellence transformée en chair
à saucisse.

Ce genre de supplice me fit rêver... Pour une pauvre petite spéculation sur les deniers de l'État, je le trouvai cruel... Combien nous sommes plus policés, plus doux, plus humains en Europe... Quand un tripoteur devient millionnaire chez nous, c'est à qui lui donnera des coups... de chapeau.

Le supplice du crocodile est fait pour satisfaire les plus difficiles.

Le patient est attaché par une chaîne de fer longue de quatre à cinq mètres à un arbre voisin d'un marécage ou d'un fleuve, connu pour recéler de nombreux crocodiles. On lui donne quelques bananes comme provision de bouche et un couteau pour toute arme défensive. Si au bbut de neuf jours il est encore vivant, on le délivre. Mais je dois dire combien est faible l'espoir que doit conserver le condamné, car au rapport de tous ceux que j'ai interrogés, il n'y a pas d'exemple que ce laps de temps écoulé on ait trouvé autre chose que la chaîne.

La *noyade* est aussi fort en usage ; le condamné est enfermé dans une outre, et jeté dans un fleuve, le misérable périt surtout par asphyxie dans cette occasion.

L'empoisonnement est une des peines les plus communes, et celle qu'on applique surtout aux personnages de distinction, car si le poison est rejeté par l'estomac du patient, il est proclamé innocent du crime reproché, quand bien même il l'aurait avoué ou commis publiquement.

Tous les autres genres de mort qu'on peut rêver : par la faim, le fusil, la décollation, les coups de rotin, le défoncement du crâne, l'écorchement, le pal, les mutilations graduelles, qui consistent à vous couper tous les jours un morceau de chair gros comme le pouce, sont en honneur dans tout le Yébou, et avec des raffinements de cruauté inouïs.

L'exécution par écartement est également assez commune.

On cherche deux arbres assez rapprochés l'un de l'autre pour qu'il soit possible, avec beaucoup d'efforts de les réunir ensemble vers leur sommet à l'aide d'une corde ; on attache le patient par les jambes, à ces deux arbres, puis on coupe la corde qui les retient ; ils reprennent leur position première, en déchirant violemment le coupable dont le corps se partage en deux.

En cas d'inceste, crime puni sévèrement au Yébou, les deux coupables sont attachés solidement l'un contre l'autre, et portés dans la forêt, au milieu d'une fourmillière. C'est là, d'après ceux qui en ont été témoins, le plus épouvantable de tous les supplices, surtout par sa durée.

Malgré cette longue série de pénalités, le Yébou est de tous les pays de cette contrée que
j'ai visités, celui où les exécutions capitales sont
les moins fréquentes, car le coupable peut se
soustraire à tous les châtiments que je viens
d'énumérer par le paiement d'une rançon. Il
suffit pour cela de payer une somme proportionnée au crime commis, à la situation du
coupable, et à celle de la victime.

J'ai dit que seul l'oba avait le droit d'empri-
sonner ceux qui avaient le malheur de lui déplaire. Comme dans notre visite à Hodé-Yébou
il me fut impossible de voir par moi-même
comment cela se pratiquait, je suis réduit sur
ce sujet aux seuls détails que j'obtins de l'obi :
je les donne de suite, puisque je n'aurai pas
plus tard l'occasion d'y revenir.

Le roi des Yébous fait enfermer ses prisonniers dans un lieu clos, sans toiture, dont le
sol est la terre nue, et dont l'enceinte intérieu-
rement est toute hérissée d'épines. Le détenu a
les pieds dans les fers, et le cou dans le car-
can, les geôliers et leur chef sont eunuques.
Des esclaves de l'oba sont attachés à ces prisons !
les détenus sont forcés de tanner des peaux, surtout des peaux de bœufs, de vaches et d'animaux féroces.

Pour cela on donne à chaque prisonnier un

énorme vase en terre cuite, et des écorces d'une
espèce de *mimosa* pilées qui servent de tan,
chacun a une époque fixée pour accomplir l'ou-
vrage qu'on lui a imposé, et s'il la *dépasse*, il
est sévèrement châtié ; mais ces travaux ne
sont exigés que dans la partie de la prison
affectée aux gens de peu d'importance ; les
personnages de distinction ne sont soumis à
aucune de ces corvées, à moins que l'oba, pour
aggraver la punition qu'il leur a infligée, n'en
ordonne autrement.

Le plus pénible et le plus cruel pour les détenus, c'est que s'ils ne sont pas éveillés dès le
matin à l'heure voulue, on les fait lever à grands
coups de fouet. Plusieurs esclaves se relayent
pour ce genre de besogne, et à chaque relai, les
coups retentissent avec une nouvelle violence.
Il y a des malheureux qui, pour ne pas s'être
éveillés à temps, sont obligés de subir trois
relais de fustigateurs.

Pour ceux qui sont condamnés à une réclusion perpétuelle, on leur met à chaque pied,
une entrave dont les deux extrémités sont percées d'un trou et fixées l'une contre l'autre par
un clou, dont ensuite on lime et rive les deux
bouts. Ces entraves restent ainsi maintenues
jusqu'à la mort du condamné. Alors seulement
on les lui retire en les coupant à la lime.

Je soupçonne le féroce oba de n'avoir installé ce genre de punition qui n'existait pas avant lui au Yébou, que pour se procurer à discrétion des tanneurs pour ses peaux de lions et de tigres, de crocodiles et de bœufs qu'il échange avec les traitants pour du rhum, de la poudre et des armes. Cependant, comme il doit les nourrir, il arrive un moment où les lieux affectés à la garde de ses peaux regorgent de ces objets, alors l'oba a un excellent moyen de diminuer le nombre de ses travailleurs, il va faire avec son tarbouc une visite dans la prison, et tout en passant, il indique d'un geste ceux dont il veut se défaire ; le tarbouc, armé d'une massue, d'un seul coup les assomme. Il paraît que le bon roi appelle cela, quand il est de bonne humeur, « *leur écraser la pastèque* ». La pastèque, c'est la tête des misérables.

En thèse générale et pour clore cette question de la pénalité au Yébou, je dois dire que tous les condamnés, quel que soit le genre de supplice auquel on les voue, affrontent la mort avec la plus grande indifférence. J'ai été, au cours de ce voyage, témoin d'une foule d'exécutions ; on ne peut guère séjourner huit jours dans un district sans en voir une ou deux ; eh bien ! j'ai toujours remarqué que le patient, pendant les préparatifs, causait avec l'exécuteur

avec autant de tranquillité que s'il n'eût été pour
rien dans la tragédie qui allait se jouer.

Lorsque plusieurs coupables doivent être
exécutés ensemble, on les voit, par une singulière rivalité, se présenter au tarbouc à l'envi
l'un de l'autre, en s'écriant : *A moi le premier !
à moi le premier !*

Et que l'on ne s'imagine pas qu'ils cherchent
ainsi à échapper à la vue du supplice de leur
camarade par peur de faiblir ; dès que l'exécuteur en a choisi un, les autres s'accroupissent
sur leurs talons, et fument leur pipe, et ne
cessent de causer et de plaisanter que quand
leur tour est venu.

Je rendrai compte en leur temps de différents exemples, que j'ai eus sous les yeux,
de ce mépris absolu de la mort et des souffrances que professent les Yébous et en général
tous les habitants de la Nigritie ; mais je vais
citer de suite un des cas les plus extraordinaires
que j'aie enregistrés.

Dans le haut Yébou, sur les limites du Yarribah, une bande de voleurs de grands chemins
qui détroussaient les caravanes fut prise, et le
chef du pays, assisté de son conseil condamna
tous ceux qu'on avait saisis à mourir par l'eau
bouillante.

Le chef nous fit donner, à Lucius et à moi,

15.

une place d'honneur pour assister à l'exécution.
J'ai déjà, expliqué à propos des sacrifices d'esclaves, que l'intérêt même de notre sûreté, ne
vous permettait guère de décliner les invita-
tions des chefs à ces sortes de spectacles ; dans
le cas actuel, Ourano nous avait affirmé que
nous pourrions d'autant moins nous y soustraire, que notre refus serait interprété dans
le sens d'une approbation de la conduite des
voleurs.

Cela étant, nous nous étions joints, quoique avec répugnance, à la suite du chef. Les
condamnés étaient au nombre de quatorze ; ils
furent tous placés chacun dans un grand vase
en terre, rempli d'eau, avec un tarbouc pour
chaque patient. Dès que le charbon fut allumé,
les misérables dont la tête émergeait seule hors
de l'eau, se mirent à rire, à plaisanter, à insul-
ter l'obi qui avait refusé de leur laisser leur
pipe et à cracher sur la foule.

J'ai noté, d'après Ourano, un des nombreux
dialogues qu'ils échangèrent :

— Eh ! toi, dit l'un en s'adressant à l'obi,
vieil éléphant qui n'as plus de dents, est-ce
pour nous manger que tu vas nous faire
cuire ?

— Tu te trompes, criait un autre, est-ce que
les chacals mangent les lions ?

— Il nous fait bouillir, parce que nous avons volé les caravanes, et à lui qui vole tous les jours l'or, l'ivoire et les femmes des habitants, que lui fera-on ?

Et les interpellations les plus vives volèrent de toutes parts.

— Chien d'eunuque !

— Fils d'esclave !

— Entremetteur de ta mère !

— Crocodile puant !

— Tu crois nous faire souffrir, c'est un bain que nous prenons.

— Sors donc de devant nous, cela nous fait mal aux yeux de voir un esclave qui regarde mourir des hommes.

A tous ces cris, l'obi répondait d'un ton impassible :

— Tarboucs, menez le feu lentement, il faut que ces braves gens aient le temps de voir leur graisse monter sur le bouillon.

Pendant onze heures, les tarboucs conduisirent l'eau à une chaleur cuisante sans être assez forte pour tarir les sources de la vie ; sous l'action lente de cette eau à haut degré, les condamnés s'évanouissaient parfois, et quand ils revenaient à eux, c'était pour continuer à injurier l'obi, le conseil qui les avait condamnés, la foule et nous-mêmes.

Nous avions été longtemps épargnés, mais à la fin, il s'en prirent à nous également.

— Que viennent faire ici ces vilaines faces d'ipé-pou ? dit tout à coup l'un d'eux.

(L'ipé-pou est une espèce de plâtre en usage dans le pays.)

— Tu ne vois donc pas que ce sont des voleurs comme nous, répondit un autre, ils se sont sauvés de leur pays, où ils pillaient les marchands, parce qu'ils ont eu peur qu'on les fasse bouillir.

Ourano ne voulait pas nous traduire ces insultes par peur de nous affliger, et il fut bien étonné quand, après avoir cédé à nos instances, il vit que les injures des pauvres diables nous laissaient parfaitement indifférents.

A la douzième heure, l'obi ordonna de chauffer ferme pour terminer le supplice. La vue de ces misérables, qui criaient, roulaient les yeux, plaisantaient dans un bain un peu chaud, avait été supportable jusqu'alors, mais la fin du drame allait être tellement épouvantable que la contempler était au-dessus de nos forces, et nous résolûmes de nous y soustraire. Après m'être consulté avec Lucius, j'eus recours à la ruse suivante.

L'idée religieuse ayant un empire extraordinaire sur l'imagination de ces peuples, je déclarai à l'obi que l'heure était venue d'aller offrir nos sacrifices aux dieux de notre pays, et que les plus terribles malheurs fondraient sur nous si nous y manquions un seul jour.

Ainsi que je l'avais prévu, le chef n'essaya pas de nous retenir, et nous pûmes nous retirer sous nos tentes et échapper à l'affreux spectacle.

. . . .

Le second jour de notre départ pour la chasse au gorille, nous rencontrâmes au milieu d'une petite plaine couverte d'un sable ténu et blanc, un Yébou assis au milieu d'un rond qui semblait avoir été tracé avec un bâton.

Tous les gens de notre suite s'écartèrent avec un soin respectueux du cercle tracé sur le sable, et chacun disait en passant : Hattou ! Hattou !

Nous demandâmes à notre autorité ordinaire Obi-Tchadé l'explication de ce fait singulier et il se hâta de satisfaire notre curiosité.

Le hattou est bien la plus singulière chose qui se puisse voir ; c'est une sorte de prison à air libre, dans laquelle le prisonnier n'est retenu que par le cercle tracé autour de lui.

Voici comment on y procède. On dit à celui qu'on veut soumettre au hattou : « L'oba te détient ici, » c'est-à-dire dans le lieu même où l'on rencontre l'individu.

Alors il est tenu aussitôt de s'arrêter et de rester en place, sans qu'on lui applique de liens, sans que personne le garde ou le surveille. Il demeure ainsi jusqu'à ce que sa délivrance soit ordonnée. S'il s'échappait, plainte serait portée à l'oba qui ferait rechercher le délinquant, et il serait mis à mort sur-le-champ.

Celui qui a prononcé le hattou est tenu de lui porter sa nourriture ; s'il y manque un seul jour, le détenu est immédiatement libéré, et de sa prison et de sa dette, car c'est surtout contre les débiteurs que l'on use du hattou.

Ainsi, lorsqu'un créancier a rencontré plusieurs fois son débiteur et lui a demandé son dû, que le débiteur, tout en ne niant pas sa dette en remet l'accomplissement à une autre époque, le créancier peut à discrétion arrêter son homme sur place après avoir pris témoins de ses refus ; il le fait asseoir et avec la pointe d'un bâton ou d'une lance, il l'entoure d'une ligne circulaire tracée sur la terre, en prononçant la formule d'usage : « L'oba te détient ici, et tu ne sortiras pas de ce cercle avant de m'avoir payé ma dette. »

Le débiteur reste assis dans le cercle jusqu'à ce qu'en suppliant son créancier ou en le payant il puisse obtenir sa libération.

Comme le créancier doit nourrir le débiteur,

il n'est pas rare de voir ce dernier s'entêter, se laisser nourrir dans son cercle, et finalement lasser le créancier, qui finit un beau jour par ne plus apporter d'aliments, et le prisonnier se trouve libre.

Si celui qui s'est déclaré créancier, est convaincu de mensonge, s'il a tracé le hattou autour d'un individu dont il ne peut prouver la dette, il est rigoureusement puni.

Aussi nul ne se hasarde à tracer le cercle du hattou autour de quelqu'un, sans avoir pris toutes ses précautions, pour prouver la réalité de la créance, et se mettre à l'abri des conséquences fâcheuses d'une déclaration qui risquerait d'être reconnue fausse,

A l'extrémité de la plaine où nous avions rencontré l'individu contre lequel le hattou était exercé, s'étendait une ligne interminable de forêts, composées en majeure partie des essences que j'ai déjà eu l'occasion de signaler, le *kyaya senegalensis, l'elæis guinensis,* le *raphia vinifera,* des palmiers et des gommiers de toutes espèces, le tout entouré de mimosas, de lauriers, de lianes grimpantes et de cactus formant d'inextricables fourrés.

Mais je n'eus guère le temps de me livrer à des études botaniques et des recherches de nouvelles espèces. Nous fîmes arrêter nos char-

rettes et installâmes nos tentes à la lisière des
taillis, car il ne fallait pas compter de passer la
nuit sous bois avec la foule de lions, tigres, panthères, léopards, chat-tigres et serpents qui or-
nent ces forêts séculaires.

Nous avions à peine eu le temps de tout préparer pour notre défense en cas d'attaque de
ces animaux, et notamment trois grands bû-
chers, que la nuit nous surprit apprêtant le repas du soir.

M. Jims, qui ne savait pas voyager sans tout
son attirail de cuisine, était resté à Tchadé ;
plutôt que de nous embarrasser de ses services,
nous avions préféré nous en tenir à la nourriture indigène.

Les deux nuits que nous passâmes dans cette
contrée, appelée par l'obi : Eyarou-Bo (les forêts d'Eyarou), s'écoulèrent au milieu du plus
étrange de tous les concerts. Les animaux que
nous venions troubler dans leur retraite, venaient reconnaître souvent à de courtes distan-
ces les êtres singuliers qui se permettaient de
fouler le sol de leurs domaines, et nous saluer
de leurs hurlements hostiles.

Le lion répondait par des notes graves et pro-
longées aux cris plus stridents du tigre ; de
temps à autre éclatait le son cuivré de l'éléphant sauvage, le miaulement de la panthère,

pendant que des milliers de chacals glapissaient dans les hautes herbes prêts à prendre leur part de la curée, si les grands fauves s'étaient hasardés à nous attaquer... Nous l'eussions été certainement sans les trois feux que les rabatteurs ne cessèrent d'entretenir pendant toute la nuit ; nos bœufs tremblaient de tous leurs membres, et un jeune chien que Lucius avait adopté à Imbodou, et dont j'avais oublié de parler, se blottissait contre la poitrine de son maître, poussant des cris plaintifs dès qu'on tentait de le poser à terre.

L'intelligence de ces animaux, supérieure à la nôtre sur ce point, par les émanations différentes qui venaient en foule agir sur l'odorat, se rendait compte, et du nombre et de la qualité des ennemis qui nous entouraient.

Au jour tout cela retournait dans les retraites profondes de l'intérieur de la forêt, et les sinistres bruits de la nuit étaient remplacés par le plus imposant de tous les silences, le silence de la forêt vierge.

Le lendemain de notre arrivée, nous entrâmes en chasse au lever du soleil. Nos rabatteurs se répandirent sous bois par groupes de dix, pour se prêter main-forte, et j'adjoignis à chacun des cinq groupes formés par nos cinquante Yébous, un guerrier béninien muni de sa cara-

bine à répétition, et de son revolver. Lucius,
Ourano, Obi-Tchadé et moi, armés jusqu'aux
dents, nous suivions au centre des groupes,
prêts à bien recevoir les animaux que les rabatteurs devaient repousser vers nous ; nous étions
partis pour chasser le gorille, mais le concert
de la nuit précédente ne nous permettait pas
de mettre en doute que nous ne dussions avoir
affaire également à d'autres ennemis.

Je dois dire que nous n'étions pas sans appréhensions car la hauteur des herbes et la profondeur des fourrés nous faisaient craindre de
n'apercevoir le terrible gibier que nous pour-
suivions que quand il serait sur nous.

Chose étrange ! la journée entière s'écoula
sans que nous eussions aperçu autre chose que
des rats palmistes, des écureuils, et des myriades
de singes qui nous jetaient des fruits et des
branches d'arbres, comme pour nous narguer.

Le soleil s'inclinait rapidement à l'horizon
et nous allions reprendre le chemin du campement, lorsque des cris de terreur retentirent en
avant de nous, et nous aperçûmes plusieurs
groupes de nos rabatteurs se replier rapidement de notre côté ; les premiers arrivés s'é-
taient jetés à travers les cactus et les lianes épineuses, ils étaient couverts de sang, et donnaient les signes de la plus violente frayeur.

— Que se passe-t-il ? leur dit rapidement Ourano qui faisait bonne contenance.

— Olgou-navé ! olgou-navé ! répondirent les pauvres diables, plus morts que vifs.

— Un rhinocéros ! fit immédiatement le chef de Tchadé ; fuyons ! nul ne peut lui résister.

Au même instant des coups de feu se firent entendre en avant de nous. Nos braves soldats béniniens faisaient bravement leur devoir. Obi-Tchadé disparut avec la vitesse de l'éclair suivi de tous les rabatteurs qui avaient pu nous rejoindre.

Ourano nous regardait avec inquiétude : cinq de ses compatriotes étaient en avant, avec un certain nombre de rabatteurs.

Nous ne pouvions pas laisser massacrer tous ces gens-là.

— En avant ! fis-je à Lucius et à Ourano ; ne visez qu'à la tête, c'est le seul endroit vulnérable.

Nous nous précipitâmes... En moins de deux minutes qui nous parurent un siècle, nous arrivâmes à l'entrée d'une petite clairière au milieu de laquelle nous aperçûmes un énorme rhinocéros, qui, au paroxysme de la fureur, s'acharnait sur le corps de quatre de nos rabatteurs dont il avait ouvert le ventre à coups de corne : le sang jaillissait de tous côtés sous les pieds du monstre qui, dans sa rage aveugle, ne fit même pas attention à nous; les guerriers béniniens, et une dizaine de rabatteurs s'étaient réfugiés sur des arbres.

—Attention ! et à la tête ! fis-je de nouveau à mes deux compagnons. Je vais l'attirer sur nous.

Retenant ma carabine fortement épaulée de la main droite, de la main gauche j'envoyai un coup de revolver à l'énorme bête, et laissant tomber cette arme dans l'herbe, avec la vitesse de la pensée, je ramenai la main gauche sous la garde de ma carabine, et je me trouvai en défense.

La détonation, plutôt que la balle, qui ne dut que glisser sur son épaisse cuirasse, fit relever la tête du rhinocéros, il nous aperçut et se précipita sur nous.

— Visez bien, Lucius, fis-je à mon compagnon.

Je n'avais pas achevé de prononcer ces paroles que le jeune homme tirait, et la corne du monstre volait en éclats. Je m'étais jeté de côté pour ne pas être aveuglé, ne fût-ce que deux secondes, par le nuage de fumée, car deux secondes de perdues, ce pouvait être la vie ou la mort. Je vis l'animal s'arrêter et chanceler. Le coup avait été rude... Je visai avec soin ; c'est la précipitation qui tue dans ces mo-

ments-là, et pressai la détente au moment où
le rhinocéros, qui s'était promptement remis,
s'élançait de nouveau sur nous avec un rugissement terrible. A cet instant suprême, l'image
des êtres chers que j'avais laissés au pays me
passa rapidement dans la pensée, et ce fut
tout. Je m'attendais à être broyé, piétiné sans
merci... Un rugissement plus formidable encore s'était comme interrompu sous mon coup
de feu.... en moins de rien la fumée se dissipait,
et nous laissait voir l'horrible bête étendue
sur le sol, à dix pas de nous, la tête entièrement partagée en deux : ma balle explosible
avait fait merveille.

Pendant quelques minutes il me fut impossible de faire un pas en avant ; la réaction, si
forte chez les sanguins, m'avait fait affluer le
sang au cœur et au cerveau, les tempes bat-
taient à tout rompre, et un épais nuage semblait
m'obscurcir la vue.

Cependant tout autour de moi des cris de
triomphe éclataient de toutes parts, je redevins
peu à peu maître de mes sens, et j'échangeai
une vigoureuse poignée de main avec Lucius,
dont les jambes tremblaient comme une
feuille agitée par le vent. Le brave garçon avait
fait bonne contenance, et nul n'aurait montré
plus de courage ; il n'avait pas reculé d'une

semelle ; mais comme tous les tempéraments délicats et féminins, le danger passé, il n'était pas plus maître de ses nerfs que je ne l'avais été de mon sang.

— Quelle fière peur j'ai eue ! fit le jeune homme sans la moindre ostentation.

— Dites donc *nous avons eue,* mon cher ami, lui répondis-je.

Il n'y a nulle honte à avouer ces choses-là, et ceux qui vous racontent qu'ils ont, le cigare aux lèvres, joué leur vie contre les fauves, dans les forêts de l'Afrique et de l'Inde, se se trompent en croyant qu'ils seront taxés de lâcheté s'ils ne font pas un peu de parade.

Pendant tout le temps de la lutte, le brave Ourano n'avait pas plus bougé qu'un terme, et il avait fait sur l'animal un feu roulant, avec sa carabine à répétition et son révolver, mais comme il n'avait pas de balles explosibles, il eût autant fait de mal au rhinocéros à coup de bâton... mais l'intention y était.

Nos guerriers béniniens et les rabatteurs, quand nous nous approchâmes de l'ennemi vaincu, dansaient autour de lui, en poussant des cris sauvages, et proférant contre lui toutes les injures que pouvait leur fournir le double vocabulaire béninien et yébou.

En examinant l'animal, je compris le moment d'arrêt qui nous avait sauvés, sous la balle de Lucius. Le coup avait porté à moins de deux pouces au-dessus du crâne, et la balle explosible, en brisant la corne, avait dû produire une telle commotion au cerveau, que le rhinocéros s'était arrêté en chancelant pendant quelques secondes.

Je ne sais pas ce qui serait arrivé, s'il eût continué sa course furieuse ; dans tous les cas, je n'eusse pu viser avec autant de justesse.

— A vous les honneurs de la journée, mon cher ami, lui dis-je.

Le jeune homme se défendit modestement d'avoir joué un rôle aussi important que celui que je lui attribuais, mais il ne put s'empêcher de rougir de plaisir, en m'entendant soutenir de nouveau que très certainement nous lui devions la vie.

Le rhinocéros avait un œil crevé, et nous affirmâmes à Ourano que c'était par une des balles de sa carabine.

— Vous l'avez aveuglé, chef, lui dit Lucius, heureux de la joie qu'il lui causait, et comme il ne voyait plus pour se conduire, nous l'avons tué plus facilement.

Le fils du vieil Arobo fut tellement content de la part importante que nous lui prêtions à dessein dans le combat, qu'il ajouta immédiatement à son nom l'épithète d'*Olgou-Navé-Quatalé*, l'Aveugleur de Rhinocéros. Par la suite, pour lui faire plaisir, nous l'appelâmes toujours ainsi.

Nous mesurâmes l'animal ; il avait quatre mètres soixante-dix de longueur, sur deux mètres cinquante de hauteur.

Comme tous les grands animaux qui usent d'une nourriture absolument végétale, le rhinocéros est d'ordinaire d'un caractère paisible quand il vit seul dans sa bauge ; il n'attaque jamais les animaux, ses compagnons de forêts, sans être provoqué, si on excepte l'éléphant, son éternel ennemi. Dès qu'il l'aperçoit, en effet, il entre en fureur, et malgré la disproportion de la lutte, il n'hésite jamais à l'engager. Il est toujours tué par l'éléphant, cependant on cite des cas où ayant pu se précipiter sous son gigantesque rival, il lui a ouvert le ventre d'un coup de corne, et fait ainsi une blessure mortelle. Cependant, même dans ces circonstances, avant de succomber lui-même, l'éléphant a le temps de se venger de son ennemi.

J'ai assisté dans l'Inde, sur les bords du Brahmapoutre, à un combat entre un éléphant dressé et un rhinocéros qui dévastait les plantations de riz d'un de mes amis, et après vingt minutes d'une lutte furieuse, ce fut l'éléphant qui l'emporta ; dès qu'il peut le tenir sous ses défenses, le rhinocéros est perdu.

Privé de toute intelligence, ce dernier animal est irritable à l'excès ; à la moindre provocation, un colère stupide s'empare de lui, son grognement, qui a quelque chose de celui du porc, quand il est au repos, prend tout de suite l'intonation d'un mugissement aigre et saccadé ; il part avec la rapidité d'une flèche, va droit devant lui, renverse tous les obstacles, brise les arbres, laboure la terre avec sa terrible défense et assouvit sa rage contre tout ce qu'il rencontre. Il déploie dans l'attaque une telle violence et une telle rapidité de mouvement, qu'il est très difficile de s'en échapper ; sans nos balles explosibles, nous n'en serions jamais venus à bout. C'est en somme le plus terrible et le plus dangereux animal que le voyageur puisse rencontrer. Cependant j'en ai vu un dans le haut Yarribah que son maître avait dressé comme un éléphant, il s'en servait comme d'une bête de somme, mais il avait été pris tout petit et était castré.

Les Yébous sont très friands de la chair du rhinocéros ; nos hommes s'empressèrent donc de dépouiller celui que nous venions de tuer et d'en empaqueter le plus qu'ils purent dans des feuilles de bananiers.

Nous creusâmes à la hâte une fosse dans laquelle furent ensevelis les restes des rabatteurs qui avaient succombé à la première attaque du monstre, et les ayant ainsi soustraits à rapacité des chacals, nous nous hâtâmes de reprendre le chemin de notre campement.

Malgré le soin que nous avions mis à faire prompte diligence, la nuit était venue avant que nous eussions seulement parcouru le tiers du chemin qui nous séparait de la lisière de la forêt, et une de ces nuits de la forêt vierge dont rien saurait rendre l'obscurité. Nous nous touchions sans nous voir, et de tous côtés éclatait de nouveau le concert de la veille ; les cris des fauves quittant les fourrés, lointains encore, n'allaient pas tarder à se rapprocher de nous ; marcher ainsi pendant au moins deux heures encore, eût été la plus insigne de toutes les folies, je le sentais, mais je remarquais avec un étonnement singulier que nos hommes ne paraissaient pas montrer la moindre inquiétude.

Je me décidai à interroger Ourano.

— Arrêtons-nous un instant, fis-je au fils de l'obi d'Arobo, j'ai à te parler.

— Itché ! halte ! cria le chef.

Nous comprîmes au silence qui se fit soudain que toute la troupe avait obéi.

— Où allons-nous ? dis-je au chef béninien.

— Rejoindre la station où nous avons dormi hier, répondit mon interlocuteur.

— Nous ne voyons plus pour nous diriger.

— Sois sans crainte, j'ai dit cela à Obi-Tchadé et il m'a affirmé que nous étions dans un sentier où ses hommes et lui ont chassé vingt fois, et qu'ils étaient sûrs de ne pas s'égarer.

— N'entends-tu pas ces milliers de cris de chacals précurseurs des fauves, et de temps à autre, ces sinistres rugissements qui semblent se rapprocher de nous?

— Nous n'avons rien à craindre avec vous, vos fusils lancent des gris-gris qui font éclater les têtes des olgou-Navé ; que veux-tu que les tigres fassent contre cela?

Cette réponse fut un trait de lumière ; je compris que nos indigènes, en nous voyant tuer avec cette rapidité un rhinocéros, s'étaient imaginé qu'il y avait un peu de sorcellerie dans notre fait, et que nos carabines lançaient de redoutables gris-gris, capables de mettre en fuite tous les hôtes de la forêt.

Bien qu'Ourano fût plus intelligent que les autres, je ne perdis pas mon temps à le convaincre. On ne trouverait pas, dans toute l'Afrique, un seul noir qui ne croie pas à la puissance des gris-gris, et réfléchissant que cette confiance superstitieuse allait nous faire dévorer par les fauves avant un quart d'heure, je répondis immédiatement à Ourano :

— Nos gris-gris ne valent rien la nuit, il faut immédiatement allumer du feu et camper ici, sans cela nous sommes perdus.

— Impossible de construire un bûcher : comment veux-tu que nous puissions trouver du bois mort en assez grande quantité avec cette obscurité ?

Cette réponse me fit frissonner, et, pour ajouter aux angoisses de notre situation, des centaines de milliers d'yeux phosphorescents se croisaient en tous sens autour de nous, les chacals nous accompagnaient en glapissant à qui mieux mieux, comme pour avertir les lions et les tigres de la présence d'une proie qu'ils semblaient surveiller pour eux.

— Que faire ? dis-je au Béninien, en accentuant plus fortement encore mes paroles ; je te jure que nos gris-gris ne pourront nous empêcher d'être mangés tous.

— Alors, il faut camper dans les arbres, fit simplement Ourano.

— Dépêchons-nous, répondis-je.... Chaque minute qui s'écoule peut nous être fatale.

Et, comme pour donner raison à nos appréhensions, trois terribles notes franches et sonores, se succédant sans interruption, ébranlèrent la forêt.

— Le lion, dit Ourano d'une voix grave.

A en juger par l'éclat de ses rugissements, le terrible félin ne devait pas être à plus d'un mille de nous.

Autre signe de sa présence: les chacals s'étaient enfuis; plus de cris, plus d'yeux ardents dans les hautes herbes, ils attendaient que le maître fût repu pour venir se disputer ses reliefs.

Brièvement, Ourano avait traduit mes paroles à toute la troupe; je frottai sur leur récipient une de ces grosses allumettes anglaises en cire vierge qui ne me quittaient jamais, et qui conservent leur lumière pendant plus de cinq minutes, et nous regardâmes immédiatement autour de nous quels arbres pourraient nous servir de refuges.

Heureusement, nous n'eûmes que l'embarras du choix; autour de nous, de tous côtés, s'étendaient d'énormes *ficus religiosa*, autrement dit baobabs, et, en moins de rien, nous eûmes choisi un de ces géants des forêts qui, par l'élévation de son tronc jusqu'aux premières branches, nous offrait un asile sûr contre les bonds du lion, mais ne pouvait nous mettre complètement à l'abri de l'attaque du tigre.

Mais il n'y avait pas à hésiter : nous n'avions peut-être que quelques minutes devant nous.

En s'aidant de sa lance, et poussé par ses camarades, un des Yébous parvint au cœur de l'arbre, d'où partaient les branches maîtresses, et il nous tendit sa lance du côté du manche en s'arc-boutant fortement entre deux branches.

— Montez! fit Ourano.

Je fis signe à Lucius.

— Après vous, me dit-il.

— Mais montez donc! lui dis-je avec une nuance de colère; voulez-vous nous faire dévorer?

Un des Yébous l'avait déjà saisi à bras le corps, et l'aidant à monter sur ses épaules, le jeune homme put saisir l'extrémité de la lance, et le rabatteur qui se trouvait dans l'arbre l'attira à lui.

Cet homme était doué d'une force colossale; en moins de rien, il eut amené dans ce refuge improvisé Ourano, Obi-Tchadé et moi.

Pendant ce temps, les quarante-cinq autres rabatteurs et les cinq guerriers béniniens qui nous accompagnaient, s'étaient déjà mis en sûreté sur d'autres baobabs.

Le Yébou qui nous avait aidés dans notre ascension voulait redescendre pour aller rejoindre ses camarades, ne voulant pas, par respect, rester sur le même arbre que nous. Mais je lui fis intimer l'ordre, par Obi-Tchadé, de rester.

Pour éclairer un peu notre situation, et donner à chacun le moyen de s'installer de son mieux, je plaçai trois ou quatre de mes grosses allumettes dans l'écorce gercée des branches de baobabs, et nous prîmes nos dispositions pour la nuit. Nous nous élevâmes le plus possible sur les branches supérieures de l'arbre, et, avec nos longues ceintures de flanelle, nous nous attachâmes, Lucius et moi, à celle qui nous permit de rester assis commodément ; il fallait nous prémunir contre la fatigue et les somnolences qui pouvaient s'emparer de nous.

Peu à peu, nos légères bougies s'éteignirent, et nous retombâmes dans la plus profonde obscurité.

Le soin de notre sûreté nous avait empêchés de prêter l'oreille aux bruits de la forêt, mais dès que nous fûmes rendus à la perception des choses extérieures, nous pûmes constater à quel point nous avions eu raison de nous hâter ; les rugissements du lion étaient à ce point rapprochés que cinq minutes n'allaient pas s'écouler avant qu'il fût arrivé sous nos forteresses de feuillage.

Tout à coup il se tut.

— Il sait maintenant au juste où nous sommes, me dit Ourano à voix basse, il nous flaire
et s'approche en rampant.

Dès que nous avions atteints l'arbre, les indigènes nous avaient passé nos armes, et nous
étions là, l'oreille au vent, épiant le moindre
bruit, la carabine sur nos genoux, et nos deux
révolvers à la ceinture.

Il fut convenu avec Lucius, qu'au moindre
bruit qui se produirait au-dessous de nous, il
allumerait, une de ses petites bougies, et qu'à
sa lueur je tirerais sur tout ce qui se pré-
senterait, quitte à lui rendre ensuite le même
office.

Cependant, au loin nous entendions hurler
et rugir comme un cercle de fauves, tigres, panthères, léopards, qui semblaient tous se diriger de notre côté ; on eût dit que tous les animaux de cette sauvage contrée s'étaient, à
deux lieues à la ronde, donné rendez-vous pour
venir nous prendre d'assaut.

Rien ne saurait dépeindre les heures d'angoisses que nous vîmes s'écouler une à une,
lentes et sinistres, dans cette terrible nuit ; tous
ces cris nous donnaient le vertige, et cependant,
chose étrange, le lion ne se faisait plus entendre et quant aux rugissements des tigres et des
léopards ils étaient allés peu à peu en s'affai-

blissant, dans la direction de l'est, et bientôt
nous ne percevions plus que des sons rauques
et lointains, mais qui persistaient dans la même
direction.

— Les fauves ont senti le corps du rhinocéros, fit Ourano, avec son flair d'enfant des forêts, et le jour sera venu avant qu'ils aient fini de
dévorer la bête ; les gros vont souper d'abord,
tenant les autres en respect ; quand ils seront
repus, la seconde bordée suivra. Il y a plus de
trois mille livres de viande à dévorer, sans
compter ce que nos hommes ont emporté ; il y
en aurait pour longtemps, si les chacals n'é-
taient pas là pour les aider.

Pendant quelques instants nous cessâmes d'é-
changer nos pensées, la fraîcheur relative de la
nuit, la fatigue et l'incommodité de notre position ne contribuaient pas peu à nous engour-
dir et avaient fini par rendre pénible tout effort
de parole... Tout à coup le chef se pencha près
de moi et me dit à voix basse : Écoutez !

— Qu'y a-t-il ? fis-je sur le même ton.

— Le lion est près de nous, il mange la
viande de rhinocéros que nos hommes ont été
obligés de laisser à terre.

Je prêtai l'oreille, et un faible bruit de mâchoires broyant leur proie dans l'ombre parvint
jusqu'à moi.

Les Yébous avaient déposé leur charge de
viande aux pieds des arbres qui leur servaient
de refuge, ce qui faisait que le lion était à une
distance de nous que je ne pouvais apprécier.

En vain je cherchai à percer l'obscurité de la
nuit pour apercevoir un éclair de sa fauve pru-
nelle : je ne pus rien distinguer, le feuillage qui
m'entourait devait cacher l'animal à ma vue,
seul le bruit de ses sinistres mâchoires continuait à parvenir jusqu'à moi.

— Faut-il allumer ? murmura Lucius.

— A tout hasard, faites, lui répondis-je.

Je me tenais prêt à toute aventure ; un petit
bruit sec se fit entendre, une faible lueur éclaira
l'étroit espace où nous nous trouvions, un corps
d'un jaune rougeâtre passa comme une flèche
devant nous, je tirai rapidement dans la direction, un rugissement de colère répondit à la détonation de mon arme, et ce fut tout.

Troublé sans doute par la lumière, le lion que
notre présence devait aussi inquiéter dans son
repas avait pris la fuite.

Ce fut le dernier épisode de cette nuit étrange
dont je n'oublierai jamais les poignantes émotions.

Dès que le jour parut, nous nous hâtâmes de
reprendre le chemin de notre campement, que
nous atteignîmes après deux heures de marche.

Je renonce à dépeindre la joie des guerriers béniniens que nous avions laissés à la garde de nos charrettes et de nos tentes ; les braves gens nous croyaient perdus, ils se mirent à danser et à décharger leurs carabines pour célébrer notre retour.

Après avoir reparé nos forces par un repos de quelques heures, dont nous avions grand besoin, nous nous mîmes en route de nouveau, mais cette fois pour revenir à Tchadé.

La chasse était finie, et nous n'avions pas aperçu l'ombre d'un gorille.

En arrivant au village de l'obi, nous trouvâmes le coureur, que nous avions envoyé au roi des Yébous, de retour depuis la veille avec la réponse de cet aimable monarque.

Il nous expédiait l'ordre de nous rendre sur-le-champ dans sa capitale, où de grandes réjouissances allaient être préparées en notre honneur.

Nous nous consultâmes avec Lucius. Ce que nous savions de l'oba n'était pas fait pour nous engager à obéir ; nous n'avions qu'à repasser la frontière, pour nous trouver en sûreté au Bénin... Mais c'était abandonner notre voyage et causer les plus mortelles inquiétudes à notre ami Adams qui, arrivé à Katunga, ne saurait pas ce que nous étions devenus...

Si nous avions pu prévoir à quelles scènes de cruauté, d'orgies et d'immondes débauches nous allions être obligés d'assister, peut-être nous fussions-nous décidés pour le retour, mais dans notre ignorance, la pensée de notre chevaleresque ami devait chasser nos dernières appréhensions, et le lendemain nous partions pour Hodé-Yébou [1].

1. Sous presse : *Trois mois chez les Yébous. Voyage au Pays des esclaves.*

FIN.

TABLE DES MATIÈRES

PREMIÈRE PARTIE

DEUXIÈME PARTIE

FIN DE LA TABLE DES MATIÈRES.

Châteauroux. — Typographie et Stéréotypie A. NURET et FILS.

www.ingramcontent.com/pod-product-compliance
Lightning Source LLC
Chambersburg PA
CBHW070246200326
41518CB00010B/1712